青少年心理自助文库
成功丛书

创 新

千里佳期一梦休

周正森/著

> 优秀的人往往不畏风险，
> 积极面对挫折，
> 并勇于探索界线之外的风景。

中国出版集团　现代出版社

图书在版编目(CIP)数据

创新:千里佳期一梦休 / 周正森著. —北京:现代出版社,2013.11

(青少年心理自助文库)

ISBN 978-7-5143-1845-6

Ⅰ.①创… Ⅱ.①周… Ⅲ.①创造能力－能力培养－青年读物 ②创造能力－能力培养－少年读物 Ⅳ.①G305－49

中国版本图书馆 CIP 数据核字(2013)第 273975 号

作　　者	周正森
责任编辑	刘　刚
出版发行	现代出版社
通讯地址	北京市安定门外安华里 504 号
邮政编码	100011
电　　话	010－64267325 64245264(传真)
网　　址	www.1980xd.com
电子邮箱	xiandai@cnpitc.com.cn
印　　刷	北京中振源印务有限公司
开　　本	710mm×1000mm　1/16
印　　张	14
版　　次	2019 年 4 月第 2 版　2019 年 4 月第 1 次印刷
书　　号	ISBN 978-7-5143-1845-6
定　　价	39.80 元

P 前 言
REFACE

为什么当今时代一部分青少年拥有幸福的生活却依然感觉不幸福、不快乐？又怎样才能彻底摆脱日复一日的身心疲惫？怎样才能活得更真实、更快乐？越是在喧嚣和困惑的环境中无所适从，我们越是觉得快乐和宁静是何等的难能可贵。其实，正所谓"心安处即自由乡"，善于调节内心是一种拯救自我的能力。当我们能够对自我有清醒认识、对他人能宽容友善、对生活无限热爱的时候，一个拥有强大的心灵力量的你将会更加自信而乐观地面对一切。

青少年是国家的未来和希望。对于青少年的心理健康教育，直接关系着下一代能否健康成长，能否承担起建设和谐社会的重任。作为家庭、学校和社会，不能仅仅重视文化专业知识的教育，还要注重培养孩子们健康的心态和良好的心理素质，从改进教育方法上来真正关心、爱护和尊重他们。如何正确引导青少年走向健康的心理状态，是家庭、学校和社会的共同责任。因为心理自助能够帮助青少年解决心理问题、获得自我成长，最重要之处在于它能够激发青少年自我探索的精神取向。自我探索是对自身的心理状态、思维方式、情绪反应和性格能力等方面的深入觉察。很多科学研究发现，这种觉察和了解本身对于心理问题就具有治疗的作用。此外，通过自我探索，青少年能够看到自己的问题所在，明确在哪些方面需要改善，从而"对症下药"。

每个人赤条条来到世间，又赤条条回归"上苍"，都要经历其生老病死和喜怒哀乐的自然规律。然而，善于策划人生的人就成名了、成才了、成功了、富有了，一生过得轰轰烈烈、滋滋润润。不能策划的人就生活得悄无声息、平平淡淡，有些甚至贫穷不堪。甚至是同名同姓、同一个时间出生的人，也仍然不可能有一样的生活道路、一样的前程和运势。

人们过去总是把它归结为命运的安排，生活中现在也有不少人仍然还是这样认为，是上帝的造就。其实，只要认真想一想，再好的命运如果没有个人的主观努力，天上不会掉馅饼，地上也不会长钞票；再坏的命运，只要经过个人不断的努力拼搏，还是可以改变人生道路的。

古往今来，没有策划的人生不是完美的人生，没有策划的人只能是碌碌无为的庸人、畏畏缩缩的小人、浑浑噩噩的闲人。

在社会人群中，2：8规律始终存在，22%的人掌握着78%的财富，而78%的人只有22%的财富，在这22%的成功人士中，几乎可以说都是经过策划才成名、成才、成功的。

策划的人生由于有目标有计划，因而在其人生的过程中是充实的、刺激的、完美的、幸福的。策划可以使人兴奋，策划可以使人激动，策划可以使人上进。

本丛书从心理问题的普遍性着手，分别描述了性格、情绪、压力、意志、人际交往、异常行为等方面容易出现的一些心理问题，并提出了具体实用的应对策略，以帮助青少年读者驱散心灵的阴霾，科学调适身心，实现心理自助。

本丛书是你化解烦恼的心灵修养课，可以给你增加快乐的心理自助术。本丛书会让你认识到：掌控心理，方能掌控世界；改变自己，才能改变一切。本丛书还将告诉你：只有实现积极心理自助，才能收获快乐人生。

C目 录
ONTENTS

第一篇

创新的世界最有意义

创新是一个民族进步的灵魂，是国家兴旺发达的不竭动力，一个没有创新能力的民族难以屹立于世界民族之林。

其实"新"就是"创新"，别出心裁、不同于以往的所有想法乃至实践都是"新"的，只要我们敲碎了惯性、偏见、权威这三大束缚我们思维的壁垒，我们任何人都能创造出"新"的东西来。它不是只属于少数人的天赋。而且，创造力不是固定不变的，和任何才能一样，人的创造力水平可以在不同程度上不断地发展。

你对创新知多少

创新作为一种理论，形成于 20 世纪。著名的创新学者美籍奥地利经济学家、美国哈佛大学教授熊彼特在 1912 年第一次把创新引入了经济领域。他从经济的角度提出了创新，认为创新是一种生产函数，实现从未有过的组合。他在《经济发展理论》中把创新定义为，"新的或重新组合的或再次发现的知识被引入经济系统的过程"。

什么是创新

"创新"一词最早出现在《南宋·后妃传》中，意思是创立或创造新东西。《新华词典》中说创新是抛弃旧的，创立新的。其实，创新对旧的并不完全是抛弃，更确切地说应是扬弃。创新的英文是"innovation"，起源于拉丁语，它有三层含义：更新、创造新的东西、改变。一般意义上，所谓"创新"是指在前人基础上的一种超越，只要能在前人或他人已有成果上有新的发现，提出新的见解，开拓新的领域，解决新的问题，创造出新的事物，或者对既有成果进行创造性的运用，都可以称为"创新"，它主要强调的是主体行为的结果。

创新是一种创造性的活动，没有创造就没有创新。**创新同时也是一个"毁灭"过程，是一种创造性的"毁灭"，是指对旧的生产体系的破坏。**创新本身就是一个不断创造、不断毁灭的过程。在熊彼特看来，创新者必须具备三个条件：要有眼光，能看到潜在利润；要有胆量，敢于冒险；要有组织能力,能动员社会资金来实现生产要素的重新组合。

西方有马戏表演者对观众说:"桌上这个玻璃缸里有几百个跳蚤,都经过了专业训练,我要它们跳多高就跳多高,相信不相信?"说着,打开左边的缸盖,叫道:"给我跳 35 公分高!"结果所有的跳蚤都拼命跳了起来,奇怪的是竟然全都只跳 35 公分高。接着表演者又指着右边的玻璃缸说:"你们都给我跳 40 公分高!"盖子一揭,果然全都只跳 40 公分高,一斩齐。真是绝了,难道有什么魔法吗?

其实训练方法非常简单,野生跳蚤抓来之后,若要它们跳 35 公分高,就在 35 公分高的位置盖一块透明玻璃,跳蚤本可跳自身高度的上百倍,所以就使劲往上跳,但碰到玻璃就被弹回,一次又一次,几百次、几千次、几万次之后,跳蚤便自动适应了这一强制高度,以便保护自己。最重要的是:当玻璃盖子掀开之后,跳蚤仍然只跳 35 公分高,因为它们并不知道什么叫玻璃,它们已经屈从并习惯于这一高度了。

跳蚤在不断延续着这种已经形成的思维的定势,作为拥有更高文明的人类,我们在嘲笑跳蚤的墨守成规和不知变通的同时,反观自己,又比它们好得了多少?

好在,我们还能时时反观,事事警惕,并从中汲取经验教训,不断进取,以创新来改变生活、工作的现状,迎接美好的未来。

说到创新,也许有人会说,它属于科学家和领导者等"肉食者"的事,与我们普通人似乎关系不大。**可见创新属于任何一个愿意创新的人,它是潜伏在每个人内心的本能和渴望。**

科学的本质就是创新,那创新的本质又是什么呢?目前,理论界对此有许多不同的论述。

中国社会科学院哲学所研究员金吾伦认为,创新的本质是进取,是推动人类文明进步的激情。创新的反面是"守旧",创新就要淘汰旧观念、旧技术、旧体制,培育新观念、新技术、新体制。设想,我们的祖先没有任何创新,那么,人类至今岂不还处在茹毛饮血的洪荒时代!

中国科学院自然科学史研究所研究员董光壁认为,创新的本质是不做复制者,因而单纯的模仿不是创新,流行的"追星"和"仿秀"意识都是背离创新精神的,令人生厌的重复会造成原创力的逐渐降低。从时代转变的角度看问题,创新的本质在于继往开来,既要批判地对待旧的又要批判地评价新的,把过去和未来一起熔铸在现在里面。

中国社会科学院研究生院哲学系博士生张丰乾认为,创新的本质,借用中国传统哲学中的一个范畴来说就是一"生"。《周易·系辞下》云:"天地之大德曰生",而人类是靠自己的创新能力自立于天地之间,最有意义的人生莫过于不断创新的人生。所谓"生",乃是说"世界"并非本来如此,亦非一直如此,而是生生不息、日新而月异。所谓"创新",更具体地说,就是"无中生有"——从被抛弃、被忽略、被认为是"不可能""不必要"的"空白处"生出"有"来,独辟蹊径,别开生面,化腐朽为神奇。"无中生有"的前提是"有中生无"——超越已有的成果,不为权威的结论所束缚,不被流行的观点所湮没,不因眼前的困难而退缩。所以,我们也可以说,创新的本质就是"有无相生"。

有学者认为:"创新的含义,一是指前所未有的,即像现在说的创造发明的意思;二是引入到新的领域产生新的效益也叫创新。'创新'的含义比创造发明的含义宽。创造发明是指首创前所未有的新事物,而创新则还包括将已有的东西予以重新组合、引入产生新的效益。"

也有学者认为:"创新是创造与革新的合称。它具有:新颖性(即不墨守陈规,前所未有)、独特性(即不同凡俗、独出心裁)、价值性(即对社会或个人的价值大小有进步意义)。综合起来最根本的特征就是一个'新'字,没有'新意',也就无所谓创新。"

从以上论断中不难看出其中涉及的几个概念之间的关系:创新、创造、发明和发现。

综上所述,我们可以对"创新"概念的内涵作出如下概括:所谓创新,就是指人类为了满足自身的需要,不断拓展对客观世界及其自身的认知与行为的过程和结果的活动。或具体讲,创新是指人为了一定的目的,遵循事物发展的规律,对事物的整体或其中的某些部分进行变革,从而使其得以更新与发展的活动。主要表现为观念构想、科学发现、技术发明、组织变革、社会革命和社会改革等具有创造、创新性质的主体活动。正是由于上述活动,创新才成为推动科技进步和社会发展的直接而现实的动力,才能成为民族的灵魂,才能成为新世纪的时代精神。

创新的特征

1. 创造性

其特点是打破常规,敢走新路,勇于探索,大胆进行新的尝试,包括新的设想、新的实验、新的举措等。

2. 新颖性

创新是解决前人所没有解决的问题,不是模仿和再造,其成果必然是新颖的,必然有新的因素或成分。

3. 先进性

这是与旧事物相比较而言,创新的成果如果没有先进性,就不能战胜旧事物。

4. 未来性

创新所要解决的问题,都是前人所没有解决的,因而创新始终是面向未来,把目光注视着未来。

5. 价值性

即创新符合社会意义和社会价值。

6. 变革性

正如《易经》所说:"穷则变,变则通。"创新往往是变革旧事物的产物,即改变结构功能、方式、方法。这个由"变"到"通"的过程,就是变革的过程。

7. 风险性

在创新活动中,人们不可能准确无误地预测未来,不可能完全准确地

左右未来客观环境的变化和发展趋势，这就使得创新具有一定的风险性。

8. 实践性

创新是一个实践过程，在实践基础上，最终实现主体客体化和客体主体化的统一。

创新的这些特性，归纳起来最根本的就是一个"新"字。没有一点新意，也就无所谓创新。新事物之所以不可战胜，其原因就在于新事物既有继承性，同时在继承中又有新的发展——创新，因而比之旧事物就有了无可比拟的优越性。

创新的原则

创新原则就是开展创新活动所依据的法则和判断创新构思所凭借的标准。

1. 科学原则

创新必须遵循科学技术原理，不得有违科学发展规律。因为任何违背科学技术原理的创新都是不能获得成功的。

近百年来，许多才思卓越的人耗费心思，力图发明一种既不消耗任何能量，又可源源不断对外做功的"永动机"。但无论他们的构思如何巧妙，结果都逃不出失败的命运。其原因在于他们的创新违背了"能量守恒"的科学原理。

为了使创新活动取得成功，在进行创新构思时，必须做到以下几点：

第一，对发明创造设想进行科学原理相容性检查。创新设想与科学原理是否相容，是检查创新设想有无生命力的根本条件。创新的设想在转化为成果之前，应该先进行科学原理相容性检查。如果关于某一创新问题的初步设想，与人们已经发现并获实践检查证明的科学原理不相容，则不会获得最后的创新成果。

第二，对发明创新设想进行技术方法可行性检查。任何事物都不能离开现有条件的制约。在设想变为成果时,还必须进行技术方法可行性检查。如果设想所需要的条件超过现有技术方法可行性范围,则在目前该设想还只能是一种空想。

第三,对创新设想进行功能方案合理性检查。任何创新的新设想,在功能上都有所创新或有所增强。但一项设想的功能体系是否合理,关系到该设想是否具有推广应用的价值。因此,必须对其合理性进行检查。

2. 相对较优原则

创新不可盲目追求最优、最佳、最美、最先进。创新产物不可能十全十美。在创新过程中,利用创造原理和方法,获得许多创新设想,它们各有千秋,这时,就需要人们按相对较优的原则,对设想进行判断选择。具体而言:

第一,从创新设想或成果的技术先进性上进行各自之间的分析比较,尤其是应将创新设想同解决同样问题的已有技术手段进行比较,看谁领先和超前。

第二,经济的合理性也是评价判断一项创新成果的重要因素。所以,对各种设想的可能经济情况要进行比较,看谁合理和节省。

第三,技术和经济应该相互支持、相互促进,它们的协调统一构成事物的整体效果。任何创新的设想和成果,其使用价值和创新水平主要是通过它的整体效果体现出来的。因此,对它们的整体效果要进行比较,看谁全面和优秀。

3. 机理简单原则

创新只要效果好,机理越简单越好。在现有科学水平和技术条件下,如不限制实现创新方式和手段的复杂性,所付出的代价可能远远超出合理程度,使得创新的设想或结果毫无使用价值。在科技竞争日趋激烈的今天,使用烦琐已成为技术不成熟的标志。因此,在创新的过程中,要始终贯彻机理简单原则。

4. 构思独特原则

我国古代军事家孙子在《孙子兵法·势篇》中指出:"凡战者,以正合,以奇胜。故善出奇者,无穷如天地,不竭如江河。"所谓"出奇",就是思维超

常和构思独特,创新贵在独特,创新也需要独特。在创新活动中,创新构思要具有新颖性、开创性及特色性。

以上是在创新活动中要注意并切实遵循的创新原理和创新原则,这都是根据千百年来人类创新活动成功的经验和失败的教训提炼出来的,是创新智慧和方法的结晶。它体现了创新的规律和性质,按创新原理和原则去创新并非束缚你的思维,而是把创新活动纳入安全可靠、快速运行的轨道上来。

心灵悄悄话

> 好奇心如同一棵嫩芽,如果你培育它,给它浇水,给它施肥,那么它就会长成一棵参天大树,但如果你压抑它、摧残它,那么它最终就会化为泥土。

发动你的新思维

新思维是创新实践,是创造力发挥的前提。思路决定出路,格局决定结局。举个简单的案例,大家看过美国的大片《泰坦尼克号》,它的失事便是一个致命的思维错误。它的错误在哪儿呢?它认为船造得越大就越不会沉,越不会翻船,却忽略了是船都有可能沉的客观真理。当然我这里要补充的是,在两种情况下一般船不会沉。一种情况是这个船造得挺大,大得跟那个水塘一样大,它就不会沉了,也不会翻船了。第二,这个船搁浅了。例如,国际上有一个海战,甲方打乙方的船,再怎么打,打无数个炮弹,就是打不沉。什么原因?它搁浅了,它搁浅了不会沉吧。一般讲是船都会沉的,所以泰坦尼克号犯了个致命的错误,认为船造得大就不会沉。在这个错误的思维前提下,必要的救生艇救生衣它没带够,望冰山的望远镜也没带,肉眼看到冰山了,方向转不过来。翻船了,倾斜了,沉船了。这一切均源于一个错误的思维前提。所以我们说,创新思维是创造性实践的前提,是创造力发挥的前提。

这里有个案例,叫作避免霍布森选择。避免霍布森选择是什么意思呢?300多年前英国伦敦的郊区有一个人叫霍布森,他养了很多马,高马、矮马、花马、斑马、肥马、瘦马都有。他就对来的人说,你们挑我的马吧,可以选大的、小的、肥的、瘦的,既可以租马也可以买马。随便你们怎么选。大家非常高兴地去选马了,但是整个马圈却就只有个很小的洞——很小的门,你若选大的马是出不来的。后来获得诺贝尔奖的一个人叫作西蒙,他把这种现象叫作霍布森选择。

就是说，你的思维你的境界只有这么大，没有打开，没有上层次，思维封闭。那怎么办呢？我们要采取多向思维法，才能打开。首先，顺向思维。顺向思维是什么？就是按照逻辑、按照规律、按照常规去推导。

其次，除了顺向思维以外，我们还有逆向思维，也叫反向思维，倒过来思维。我们从小接受教育，叫作铁棒磨成针。李白贪玩出来，看到老太太磨铁棒，问她，磨它干啥？她说磨针。**我们的思维都是把这个大的物件加工拆分成小的。而费曼这个物理学家却提出，把很小的东西加工成大件，则完全思维倒过来了。**20世纪80年代出现了纳米技术，就是根据费曼设想来的，逆向思维。除了逆向思维以外，还有转向思维。我转一下，转向思维包括前向思维，后向思维，由上而下的思维，由下而上的思维，还有要借脑思维，即借人家的大脑来思维，都是创新思维。

思维能力的实质与思维创新的特点

1. 思维能力的实质

思维能力是主体认识与改变世界的能动力量，属于意识活动范畴，又必须以物质活动形式表现出来。它是主体大脑功能的体现，又是一切能力的核心，以思维活动的形式在大脑中运作，表现于各种能力展现的过程之中。虽然能力的分类十分复杂，能力的表现又随主体活动的目标和对象而千差万别，但不管是什么能力都包含着思维能力，都离不开思维的操作控制。思维能力是能力结构的核心部分，抽掉了思维能力，其他能力就不复存在。人与人的差别最主要的就在于各自能力的不同，尤其是思维能力的不同。

思维能力是思维主体完成思维任务所必需的并直接影响思维活动效率的能力。思维活动受主体发动、操作、监督，以思维能力的形式广泛地体现于思维活动过程的各个方面、各个环节，凡是思维主体所直接参与的思维过程的任何方面、任何环节都渗透着思维能力，因而思维能力包含着丰富的内容。例如,发动、组织思维活动的能力;观察和发现问题的能力;搜集加工、分析概括材料的能力;指导主体的理论思维能力;语言表达能力、创造能力等。

2. 思维创新的特点

思维创新作为创新的源泉,为人类提供了思维观点、科学知识、价值取向、行为规范、行动计划和未来预见等,因而是实现与提高人的活动、物质生产和人口生产的自觉性、主动性、创造性,增强实践目的的有效性的重要条件。思维创新具有如下特点:

(1)思维创新是观念的生产。观念的生产,是主体从观念上把握客体,以观念形式再现和构建客体,以达到满足人的精神生产之需要的目的。

(2)思维创新是特殊的创造性生产。一般地说,人的实践活动具有一定的创造性,然而对于思维创新来说,创新则是它的本质特征。思维创新必须是在消化、吸收、借鉴前人成果的过程中,在内容和形式上加以创新,而非照抄照搬,完全重复。

(3)思维创新具有社会共享性。与物质产品不同,精神产品不因共享而使个体分享的价值减少,反而带来个体分享价值的增加。

(4)思维创新活动具有自身相对独立的发展规律。它的发展不完全受物质生产规律的支配,思维创新水平经常会出现高于或低于物质生产水平的状况。

心灵悄悄话

孩子强烈的好奇心除了表现为好问之外,还表现为好动。由于孩子的好奇心强且年幼无知,其好动倾向注注会导致一些破坏行为,对此,父母要正确处理,耐心引导、教育孩子,切不可简单、粗暴地阻止或指责。

唤醒创新潜能的窍门

创新是人类先天的本质属性,创新能力是通过学习、教育、训练、实践、激励等培养出来的。那么,我们如何有效地开发自己的创新潜能呢?

(1)充分发挥大脑功能

大脑是人类智慧的源泉,开发创新潜能的关键在于开发大脑。人脑由140亿个脑细胞组成,每个脑细胞可生长出2万个树枝状的树突用来计算信息。人脑"计算机"远远超过世界上最强大的计算机。人脑可储存50亿本书的信息,相当于世界上藏书最多的美国国会图书馆(1000万册)的500倍。人脑神经细胞功能每秒可完成信息传递和交换次数达1000亿次。处于激活状态下的人脑,每天可以记住四本书的全部内容。具体而言:

第一,信息刺激,勤于用脑。信息是大脑的精神营养,对大脑的最佳的信息刺激,就是勤学习、多学习。开发大脑潜能的关键在于多练脑、勤动脑、会用脑。

第二,协同开发,全面塑脑。既注重左脑功能开发,又重视右脑功能开发,克服"重左轻右"的传统倾向。可以多开展一些左脑活动和音乐美术活动,促进大脑状态协调发展。

第三,劳逸结合,科学护脑。要有张有弛,注意休息,保证必要睡眠,防止过度疲劳,防止外伤和毒害。

第四,营养健身,合理补脑。要及时补充能量,多食用一些健脑补脑食物。养成良好的生活习惯,强身健体。

(2)保持健康积极的心态

心态决定命运,心态能使人成功,也能使人失败,只有在积极健康的心态下,才能实现人的潜能的自我开发。愉快的心情、健康的身体、充沛的精力，可以使人的智力机能很好地发挥作用，反之，人的智力活动就会受到压抑。可见，身心健康是开发大脑潜能的基础。要提高身体健康水平，可以从饮食、睡眠、锻炼三方面进行调整。要提高心理健康水平，需要涵养自己的性格，保持积极健康的心态。积极的心态主要包括：

第一，快乐。人世间并非无烦恼就快乐，亦非快乐就没有烦恼，关键在于自我调整和自我感觉。科学已经证实，当人快乐时就会分泌出一种脑内吗啡，使人兴奋而充满活力；相反，人在悲观时就会分泌出腺上激素，它将打破人的正常平衡，有损身心健康。要快乐就必须做到心境开朗、心态平衡、宽容他人。

第二，自信。让信仰的力量和心安的感觉充满心中，既是获得自信的秘诀，也是祛除疑惑、克服缺乏信心的最佳方法。自卑是自信的大敌，要树立自信心，最主要的是克服自卑心理。如果一个人拥有了"天生我才必有用"的豪气和信念，自卑感就永远不会侵袭他的神经。

第三，上进。上进就是对得起自己的生命。一个人的能力是有限的。只有珍惜每一天，努力到最后一刻，才能问心无愧，这是对生命最高层次的负责。只有具有了上进心和进取心，才能焕发出生命的勃勃生机，挖掘出自身最大的潜能。

一位心理学家想知道人的心态对行为到底会产生什么样的影响，于是他做了一个实验。首先，他让七个人穿过一间黑暗的房子，在他的引导下，这七个人都成功地穿了过去。然后，心理学家打开房内的一盏灯。在昏黄的灯光下，这些人看清了房子内的一切，都惊出一身冷汗。这间房子的地面是一个大水池，水池里有几条大鳄鱼，水池上方搭着一座窄窄的小木桥，刚才他们就是从小木桥上走过来的。

心理学家问："现在，你们当中还有谁愿意再次穿过这间房子呢？"没有人回答。过了很久，有三个胆大的站了出来。其中一个小心翼翼地走了过去，速度比第一次慢了许多；另一个颤巍巍地踏上小木桥，走到一半时，竟趴在小桥上爬了过去；第三个刚走几步就一下子趴下了，再也不敢向前移动半步。心理学家又打开房内的另外九盏灯，灯光把房里照得如同白昼。

这时,人们看见小木桥下方装有一张安全网,只因为网线颜色极浅,他们刚才根本没有看见。"现在,谁愿意通过这座小木桥呢?"心理学家问道。这次又有五个人站了出来。"你们为何不愿意呢?"心理学家问剩下的两个人。"这张安全网牢固吗?"这两个人异口同声地反问。

积极乐观的心态能够让你战胜恐惧,成功地通过一座座险桥。失败的原因往往不是能力低下,而是信心不足,还没有上场,精神上首先败阵。

(3)锤炼顽强的意志力

开发自身潜能,是一场发生于身心的自我革命,必须有顽强的意志做保证。意志是一个人成功的基本条件。缺乏意志的人,不仅实现不了开发潜能的任务,即使是现有的才能也很难有效地发挥。

创新需要顽强的意志力,顽强的意志力可以克服人们所遇到的种种困难。要具有顽强的意志力,就得有良好的、积极的心态,克服诸如自卑懦弱、自我退缩、缺乏恒心、没有目标以及狂妄自傲等消极的心态。

(4)养成良好的习惯

习惯能直接影响一个人的命运。台湾学者郭腾尹在《命好不如习惯好》一书中,整理出现代人必须具备的7个习惯,即学习、创新、节约、感恩、负责、尊重及幽默。提出命好不如习惯好的理念,提醒人们要驾驭习惯的方向、突破习惯的束缚,对我们挖掘自身的潜能具有积极的促进作用。

(5)把握激发潜能的要素

第一,好奇。俗话说:"好奇是研究之父,成功之母。"好奇心是指引人们走向未知领域的一个重要因素和动力,它可以激发人们创新的兴趣和欲望,并驱动创新活动。好奇可以使人对事、对人充满兴趣,而有了兴趣就会去质疑,去探究,去刨根问底;有了好奇之心,人的注意力就会高度集中,一切知识储备与经验积累都会迅速汇集起来,使思维细胞空前活跃,潜能往往就在这时释放出来,使人发挥出极大的创造性。

好奇心驱使伽利略去观察和研究教堂里悬挂的油灯如何摆动,促使这位医科大学生发现了摆的等时性原理。富兰克林出于对雷电的好奇,而从一个年轻的印刷工人最终成为举世闻名的电学家。爱迪生小时候的好奇心异乎寻常,他除了不断地问"为什么"外,还常常亲自动手去试验,他听说母鸡把鸡蛋置于身下可出来小鸡,便也偷偷将鸡蛋藏在身上希望同样有小鸡出来。他看到气球能飞上天空,便想,要是在人的肚子里充些气不也可以腾云驾雾了么?于是自制了发酵粉让小伙伴米吉吞下去……正是这顽强不息的好奇心促使爱迪生成为了无与伦比的发明大王。

第二,目标。目标可以催发潜能。目标是一个特定的、可实现的积极结果。设定目标的标准要足够高,以使人们觉得值得去实现;但也不能太高,以致人们气馁甚至不想在限定时间内去努力尝试实现。目标的设定还应随着投入过程的加深而发生改变,因为没有经过重新评估和修订的目标有可能变得没有意义。美国哲学家、诗人爱默生说:"一心向着自己目标前进的人,整个世界都会给他让路!"大脑总是自然而然地寻找充满新奇性的刺激,设定目标可以持久保持人们的注意和兴趣,其作用是不言而喻的,它是开发人脑潜能的一条重要途径。

第三,恐惧。恐惧是激发潜能的动力因素。创新能力在一定的知识积累的基础上,可以训练、启发出来,甚至可以"逼出来"。使人的行为发生的动力有两类:恐惧和诱因。行为发生了,是因为诱因足够,行为没有发生,是因为恐惧不够。

心灵悄悄话

作家冰心有一句话说:淘气的男孩是好的,淘气的女孩是巧的。爱玩是孩子的天性,淘气也并不意味着孩子是个坏孩子,淘气是孩子好奇的表现,孩子在淘气中一次次尝试失败,一次次品尝成功,最终会一次次地总结出真理。

创新意识要宣传

创新意识是指人们根据社会和个体生活发展的需要，引起创造前所未有的事物或观念的动机，并在创造活动中表现出的意向、愿望和设想。它是人类意识活动中的一种积极的、富有成果性的表现形式，是人们进行创造活动的出发点和内在动力。

要使创新意识根植在团队文化中，使创新成为每个人自动自发的工作内容，就需要随时随地宣传创新意识。有了创新意识才会产生创新行为。宣传创新意识，不同于宣扬创新口号。它需要从深层意识中，让人们正确认识创新的必要性和重要性，使之乐于积极主动地去创新。

创新与冒险

很多人把创新与冒险直接联系在一起。他们认为，创新就是冒险，不仅不能保证成功，还很有可能要承担损失。

创新的确有一定的风险性。创新是利用过去的经验，采用新的实践方式。这种方式是全新的，没有经过验证的，也就无从知道成功与否。但是，比起创新的风险性，不创新的风险和危害更大：企业追求创新，可能会遇到一些挫折和失败，克服了这些挫折和失败就会取得长足的进步；如果企业不再追求创新，就很可能在日新月异的市场变化中彻底失败，无法东山再起。

创新与尝试

创新必须通过一次次尝试才能实现。创新是一个摸索的过程,它每向前发展一步都需要经历不止一次的尝试。多次的尝试,才能使创新本身变得更加成熟可行。

不要指望一次性创新成功。创新是个持续动作,绝非独立动作。尽管一次性创新开辟了新的道路,但它仍然有许多不足之处需要改善。

创新本身就包含了无数次尝试。不要害怕创新带来的挫败,创新实行本身就包含了多次尝试和多次挫败。

勤奋越多,创新越多

"等创新来找我"并非不可能,但前提是非常勤奋的工作状态。通过观察可以发现,那些做出创新的人,不是平时工作敷衍了事、爱耍小聪明的人,而是那些对自己工做十分专注、勤奋的人。他们深入地了解工作,熟练掌握着工作技能,能看到工作中的问题并试图改进,不断提高工作绩效。只有在这种持久勤奋的工作过程中,他们才能看到别人看不到的,想到别人想不到的,自然也做到了别人做不到的。

简言之,要让人们积极创新,首先要让他们勤奋、专注地对待自己的工作。

创新不仅是口号

很多公司乐于谈论创新,乐于宣传创新口号,他们总把创新挂在嘴上:"创新精神是企业文化的灵魂""人人提案创新,成本自然降低""新工艺带来高效益,新观念开辟新天地"……

人们只看到创新口号,却看不到创新带来任何绩效的提高。这是为什么?

人们往往认为,宣传创新就是宣传创新口号。人们无法从口号中真正认识创新的意义,也不能从中掌握如何创新。创新需要通过口号来强调,但不能仅仅依靠口号。创新应该深化为企业的一种系统模式,成为人们工作中必然包含的内容,让人们在工作中想要创新,并且能掌握具体创新的方式。

如果只把创新当成这些口号,那么它不会给你的组织带来任何绩效的提高。

心灵悄悄话

墙宣墙贴　将关于创新的口号、小故事,简练地写在墙宣墙贴上。让人们容易记住,引起共鸣。

第二篇

自信让创新更闪亮

古往今来的成功人士都具有一个共同的特点,即自信。金无足赤,人无完人。每一个人都不是十全十美的,都有短处和长处,都具备某一方面获得成功的条件。自信可以帮助我们发现自己的长处,从而产生一种积极进取的成就动机,激励自己去发挥特长,以达到自我实现的目标。有自信心的人,既不自卑,也不自负,能正确认识自己。在恰当地评价自己的知识、能力、品德、性格等内在因素的前提下,相信自己各方面都有可取之处,相信自己能弥补各方面存在的不足,能够看到自己各方面还有很大的潜力可挖和发挥。

相信天生我才必有用

自信,简单地说就是相信自己,具体讲就是相信自己所追求的目标是正确的,也相信自己有力量与能力去实现所追求的目标。两千多年前,孟子说"人皆可以为尧舜",这是一种道德自信心;古人云"天生我人必有才,天生我才必有用",是一种能力自信心;相信自己有能力与力量把事业搞好,积极努力地去提高做事的效率与效果,是一种事业上的自信心;相信自己能将开发新课题、研究新事物的工作干好,从而尽最大努力实现自己的人生价值,这是一种创造上的自信心。

自信心是一种态度,是个体在学习和生活过程中通过与他人的相互交往与作用而逐渐形成的,一旦形成,就具有相对的稳定性,成为一种潜在的行为倾向。态度推动着人的行为,具有动力性的影响。因此可以说,自信心对一个人创造力的影响是深远的。只有具备了自信心,才敢去想;只有具备了自信心,也才敢去做。

自信心是成功的先决条件,有一句名言说得好:"他能够,是因为他想他能够;他不能够,是因为他想他不能够。"北宋文学家苏轼说过:"古之立大事者,不唯有超世之才,亦必有坚忍不拔之志。"这种坚忍不拔之志的形成,固然有多种因素,但其关键的因素就是要具有自信心。

美国心理学家曾经做过一项经典实验,他们对800人进行了三十多年的追踪调查,研究结果表明,被调查者成就最大与最小之间最明显的差异不在于智力水平,而在于是否具有自信心、坚持性等良好的意志品质。这就告诉我们,人格因素对一个人的学习与成长有着极为重要的影响。

古希腊著名的雄辩家德摩斯梯尼,幼年时严重"口吃"。在他初出道学习演说时,屡屡遭到听众的哄笑和讥讽,因为他的姿态和声音都十分笨拙。可是,他具有坚定的自信心和顽强的意志力,常常独自一人躲在地下室里,面向墙壁刻苦练习发声和姿态。"纵呼于山巅海崖而使音强,垂剑于肩上而使肩正",口含小石子练习发音,使发音越来越清楚,呼吸越来越舒展。经过多年苦练,他再去演说的时候,每一次都会赢得经久不息的掌声,终于成为千年以来少有的卓越雄辩家。

从以上两个事例中我们可以发现,**一个人拥有自信心对其自身的发展有着多么巨大的作用**。在许多成功的人身上,我们也都可以看到这种超凡的自信心,正是在这种自信心的驱动下,他们不但敢于对自己提出高要求,而且能在失败中看到成功的希望,鼓励自己不断努力,获得最终的成功。国内外多少科学家,尤其是发明家,哪一位不是对自己所攻克的项目充满信心? 一次又一次的失败只会一次又一次地激发他们的斗志,因为他们相信失败越多,成功距离自己也就越近。

自信心是人的能力的催化剂,它能将人的一切潜能都调动起来,将各部分的功能推动到最佳状态。自信心是促使人向上的内部动力,也是一个人敢于创新、取得成功的主要心理因素。对孩子来讲,自信心意味着一个人的发展;对国家来讲,自信心意味着整个民族的发展。

自信心的力量是惊人的,一个对自己的创新能力有巨大信心的人,他可以改变各种条件的不足和恶劣的现状,取得令人难以相信的成就。美国作家马克·吐温评价说:19世纪最值得一提的人物是拿破仑和海伦·凯勒,因为他们都是凭借自己的信心突破了生命的极限,创造了伟大的成就,获得了常人无法获得的成功。

海伦·凯勒在19个月大的时候,一场疾病使她变成了又瞎又聋的小哑巴,但是,在家庭教师安妮·沙莉文的教导下,残疾的她不仅学会了说话,还学会了用打字机写稿,成为第一个受大学教育的盲聋哑人,并且以优异的成绩从大学毕业。海伦·凯勒虽然是位盲人,但读过的书比视力正常的人还多,她还写了七本书,比正常人更有创造力,她的事迹在全世界引起了震惊和赞赏,被称为"奇迹人"。

人生本来就是这样,相信胜利,必定成功。相信自己会移山的人,会成就事业;认为自己不能的人,一辈子都会一事无成。自信可以克服万难,突破生命的极限。充满信心的人永远击不倒,因为他们本就是人生的胜利者。海伦之所以能克服眼不能看、耳不能听、嘴不能说等重重困难,除了巨大的意志力外,还有强烈的自信心,她相信她有能力改变人生并获得新生。**她有句名言说得特别好:"相信自己做得到,你就能做得到。"**

无数发明者和创造者成功的事实启示我们,创新成功固然有种种因素,但自信心是必不可少的条件。如果失去了自信心将导致创新失败;而有了自信心,就有了创新成功的基础。

化学元素周期表是化学界的一项重要成就,但当门捷列夫发现元素周期律后,却有些反对他的人认为,留下那么多空白就表明周期律的不合理和有矛盾,甚至连他的导师也嘲笑他不务正业,但是门捷列夫没有因此而放弃他的科学观点,他根据周期律科学地预言一些当时还没有发现的元素和它们的性质,结果他的预言和后来的实验结论完全一样,周期律也因此被科学界所承认并且引起广泛的重视。

罗巴切夫斯基是俄国数学家,在他发表非欧几何理论之后,非但没有得到众人的承认,反而受到了不少人的攻击,甚至有人还给他戴上"疯子""精神病""怪人"的帽子。但他毫不理会,毫不动摇,信心百倍地坚持研究,终于取得了成功,成为非欧几何学的创始人。而匈牙利青年数学家波里埃十二岁时就开始研究非欧几何,并取得了一定的成就,但在他父亲的竭力反对以及未能得到别人鼓励和支持的条件下,他丧失了信心,动摇了决心,以致最终放弃了这一有价值的研究。

居里夫人为了提取纯镭,以便测定镭的原子量,向科学证实镭的存在,曾终日穿着沾满灰尘和污渍的工作服,在极其简陋的棚屋里,用和她差不多一般高的铁条搅动冶锅,从堆积如山的沥青矿废渣中寻觅镭的踪迹。尽管条件极其艰苦,但她心里却充满自信。她对友人说:**"我们应该有恒心,尤其要有自信心!我们必须相信我们的天赋是用来做某种事情的,无论代价多大,这种事情必须做到。"**她终于获得了成功,一举成名。

从以上事例可以看出,自信心在创造成功的道路上具有重要的作用。

对孩子来讲，如果缺乏自信心，缺乏上进的勇气，本来可能有十分的激情，结果只剩下五六分甚至更少，长此以往，便会慢慢失去创新的欲望，成为一个被自卑感笼罩着的人，不但会延迟进步，甚至可能自暴自弃，那将是非常可怕的。

在孩子成长过程中，之所以会出现这种现象，有一个重要原因就是他们受到太多贬抑性评价，缺少成功的鼓励和机会。而且，如果父母不注意保护孩子的自尊心，也会使孩子的自信心下降，缺乏自我调控能力。比如说，一个孩子在学校没有受到老师的重视，在团体中没有表现自己能力的机会，或者在老师、爸爸妈妈面前受到太多的批评、指责，甚至讽刺、挖苦，或者受到某种挫折（在幼儿园表现不好被投诉）后没有得到指导和具体帮助，都会伤害孩子的自尊，影响自信。接着又因为表现不佳，招致新的贬抑，形成恶性循环。

可以说，自信心是一种体验，也是一种意志和精神。作为父母，是否给予了孩子自信心或者注意培养了孩子的自信心，是父母需要特别关注和重视的事情。

心灵悄悄话

> "创新是有系统地抛弃昨天，有系统地寻求创新机会，在市场的薄弱之处寻找机会，在新知识的萌芽期寻找机会，在市场的需求和短缺中寻找机会。"

自信让你的未来更美好

要绝对相信自己的能力

"每个人都是上帝的孩子,都会受到上帝的宠爱,无论我们的身体条件怎么样,只要有一颗健全的心,全力以赴、锲而不舍,就会得到命运的垂青,成为生活的主角,赢得美好的未来。"

——玛莉·马特琳,曾获奥斯卡金奖

1987年3月30日晚上,美国洛杉矶音乐中心的钱德勒大厅,灯火辉煌,座无虚席,人们盼望已久的奥斯卡金像奖颁奖仪式正在此举行。

就在这热情洋溢、激动人心的气氛中,典礼一步步地接近高潮。

此时,主持人高声宣布:玛莉·马特琳在《小上帝的孩子》中有出色的表演,获得最佳女主角奖。

在座的所有人立即爆发出经久不息的雷鸣般的掌声。一位美丽的年轻女演员,像一阵风似的轻快走上领奖台,从上届影帝——最佳男主角奖获得者手中接过奥斯卡金像奖。

拿着小金像的玛莉·马特琳万分激动,显然,她有许多话要说,可是人们没有看到她嘴动,她又把手举了起来,但这不是向人们挥手致意的动作。眼尖的人已经看出她是在向观众打手语,而内行的人已经看明白了她的意思:"说心里话,我没有准备发言。此时此刻,我要感谢电影艺术学院,感谢全体剧组同事。"

很快，人们都知道了，她是一个哑巴。

事实上，玛莉·马特琳不仅是一个哑巴，还是一个聋人。在她出生18个月时，一次高烧扼杀了她的听说能力。

可这位聋哑女对生活满怀热情与希望。她始终记得母亲写给她的那句话："每个人都是上帝的孩子，都会受到上帝的宠爱，无论我们的身体条件怎么样，只要有一颗健全的心，全力以赴、锲而不舍，就会得到命运的垂青，成为生活的主角，赢得美好的未来。"

她自幼就喜欢表演，8岁时加入州儿童剧院，9岁时就登台表演，她时不时就被邀请用手语表演聋哑角色。她非常珍惜这些演出机会，并从中锻炼了自己，提高了演技。

终于，命运垂青了这个姑娘。1985年，女导演兰达·海恩丝打算把舞台剧《小上帝的孩子》拍成电影。当时，为了物色女主角——萨拉的扮演者，大费周折，用了6个月的时间在美国、英国、加拿大和瑞典寻找，但都没有找到合适的人选。最后，她在舞台剧《小上帝的孩子》中发现饰演次要角色的玛莉·马特琳的高超演技，决定立即起用她担任主角。

结果，玛莉成功了。尽管她在全片中没有一句台词，但靠着极富特色的眼神、表情和动作，她成功地揭示了主人公自卑而又不屈、消沉而又奋斗的复杂内心世界，表演得是那样的惟妙惟肖，让人叹为观止，从而成为奥斯卡金像奖颁奖以来最年轻的最佳女主角奖获得者，同时也是美国电影史上第一位聋哑影后。

在这里，但愿玛莉的成功，无论是对正常人，还是残疾人，都是一个美好向上的激励。自信心是支撑一个人做任何事的动力，要让别人发现您的孩子并且重视他、相信他，首先您要让他对自己有信心。从孩子的终身发展来考虑，家长如何激发孩子主观上"我能行"的积极因素要比关注他受不受老师重视更重要。

1. 有爱心的孩子受人重视

亲人的爱是孩子信心的依附和支持。您要坚持以耐心、爱心去对待孩

子。不要嫌他烦,也不要把自己工作生活中不如意的情绪发泄在孩子身上,更不要以忙、累为借口疏远孩子。请在一天中抽出十分钟、二十分钟的时间与孩子交流,听听孩子的倾诉,让孩子感受到您对他的关心。您的爱心会换来孩子对这个世界的关爱,一个有爱心的孩子不管在哪里,都讨人喜欢。

2. 平等,让孩子有自信

应该让孩子感到您对他的重视而非保护,把孩子看成一个独立的个体,让他参与家中一些他能理解的事情的决策。如,"买哪一种灯好看?""要不要买小自行车?""你认为今天应该谁洗碗呢?"等等。要允许并鼓励孩子对成人的质疑,并能勇于向孩子认错。在这样氛围中长大的孩子,会时刻感到自己的重要性,如果他的意见被接受、采纳、重视,那么他的自信也会萌发。

3. 多说几遍"我相信你能行"

请相信这句话对孩子有一种潜在的激励力量,您可以不断强调这句话,并在孩子退缩畏难时用它来鼓励孩子。另外,您在日常生活中可以让孩子做一些需要"跳一跳才可以摘到果子"的事。如,孩子会打一个结,就让他学打蝴蝶结;孩子会排列书架上的图书,就再让他学着整理抽屉;孩子会折毛巾毯,就要求他再学着叠薄被子等。让孩子感受到克服困难的喜悦和成功的快乐,产生"我真的行""原来我也可以干"的体验。

4. 横向比较会打击孩子的自信心

您应该用发展的眼光去看待孩子,把孩子的过去和现在进行纵向参照,及时肯定孩子在任何方面哪怕再小再细微的成功和进步,让他产生自己能行的信心,并不断充实壮大这种信念。切忌横向比较,把自己的孩子与别的孩子进行对比,如,"看,小明上课多会回答问题。""瞧,小强钢琴比赛得奖了。""小刚的体育多棒呀,你看看你这样儿,哎⋯⋯"其实您把您的孩子和所有孩子集中的优势进行了比较,这是不公平的,只会把孩子推向自卑进而否定自己的死胡同。

5. 自信是正视弱点,扬长避短

您应该让孩子树立这样的理念:任何人都会有不懂或不会的地方,也都有比别人厉害的本领,大人和小孩儿都是一样的。如,孩子唱歌跳舞不行,可他画画可以;孩子画画不行,可他故事讲得好;孩子故事讲不好,但他会认很多字;孩子不认识字,但是动作灵敏等,您的孩子总会有一项别人不及之处吧。对于他的弱项只要尽力而为就可以了,对于他的长处就应该努力使之更强、更好。

✳ 心灵悄悄话 ✳

"一个事实,在心中越是与其他大量事实发生联想,就越能很好地记住,留在心中。每一个联想的事物是钓鱼钩,应该记住的事实则吊挂在其上,当记忆从表面沉入时,钓鱼钩成为将它吊起的手段。"

提高自信有妙方

一个人在人生的道路上能走多远,在人生的阶梯上能爬多高,在人生的战场上能够取得多大成就,除了其他因素外,最关键的因素就是他的自信心。同学们都明白,一个人不论将来从事什么职业,做何种伟大事业,要想取得成功,他首先必须得做人成功,必须成长成一个正常的具有善良品性、具有适应能力和自我发展完善的人,也就是说他必须是一个有尊严和自信的人。

哲人说:"自信心是美好生活的源头。"青少年正处于成长的关键期,培养自信心尤其重要,其表现和特征是:

(一)当他人向他交代任务布置工作时,总是用正面的、积极的、肯定的、向上的语言回应,并愉快地接受。如,对家长、老师交代的任务说"我有把握完成""我能胜任""我肯定能做好""我一定能克服困难"等。

(二)走路时挺胸抬头,眼睛看向前方。

(三)与人交流时,第一反应是眼球向右向上然后与对方四目相对。

(四)有一颗平常心,在困难和挫折面前,能冷静面对,积极寻找解决的办法,而不会垂头丧气,心灰意冷。

(五)有明确的学习和成长目标(成长目标包括生理、心理、人际交往、社会适应等方面)。

培养自信心很重要。先讲一个故事:一天,一个印第安小孩捡到一枚鹰蛋,把它放在松鸡窝里,后来小鹰和其他小鸡一起被孵了出来,并一同成长,整日在土里刨食吃。有一次,小鹰看见一只大鸟在天空中飞翔,那金黄色的翅膀有力地一动就能穿入云霄。小鹰羡慕不已,向松鸡打听后,才知道那是一只鹰。它也想像鹰那样到高空中去翱翔,但却只能拍打几下翅膀,抖抖羽毛,怎么也飞不起来。以后它再也不想锻炼高飞了,慢慢地老死了。既然是鹰,本来可以到空中飞翔,可小鹰为何飞不起来呢?这主要是缺乏自信心和艰苦的磨炼。**人们把这种本来有好的素质,却由于不利环境的影响,而造成缺乏自信心和锻炼,最终惨败的现象称为"鸡孵效应"。**

下面我与大家分享一个故事:中考时小华考得很差,总分只有200多分,其中英语16分,数学38分。当时,她也没打算继续读书,准备去修马路。正准备出门时,听到一个消息:本村的龚宜生考上了上海同济大学。父亲问她:"你并不比他笨,如果想读,也许能像他一样考个大学,到时就有正式工作,不管在哪里总比去打工强吧。"听了父亲的话小华待在家里想了半天,吃晚饭的时候对父亲说:"我想读书,但不想复读初中。"父亲说:"我去想想办法。"

第二天晚上,父亲告诉她,新邵二中答应接收她。就这样小华上了高中,在父亲的努力下小华又进了重点班。当然,是班里的倒数第一名,跟班里的倒数第二名比,分数足足少了300多分,跟那些成绩好的比,还不到他们的三分之一。当时,心里很不是滋味,总后悔,小华责怪自己过去太不争气了,在同学面前也不敢说话,生怕他们瞧不起。英语老师艾子吴看出了她的心思,对我说:"中考成绩只能说明过去,说明不了将来,你是一个聪明的学生,只要努力加上科学的学习方法,成绩很快就会上去的,我相信你一定行。"接着班主任张攸照老师也找她谈心,进行了鼓励和鞭策。

听了老师的话,小华信心倍增,心中树立一个信念——我一定行,一定能赶上并超过成绩好的同学,一定能考上理想的大学。于是,在老师的指导下,小华制订了详细周密的学习计划,并且落实于行动。期中考试她每门功课都达到了及格,全班65人,她是第三十一名,期末考试,她是第二十名,高三她进入前十五名,顺利考上了中国人民公安大学。可见,只要你相信自己行,就一定能行。

所以成功学指出:**"自信是成功最重要的前提和条件,是前进的动力,是成功的发动机。"**无数事实也证明:成功者都是自信者,越成功的人越自

信。对同学们来说,你要想成为将来的成功者,你现在就必须做一个自信者。伟大的发明家爱迪生说过"自信是成功的第一秘诀";居里夫人说"我们要有恒心,尤其要有自信心"。

如何提高自信心

提高自信是一个过程,不是一蹴而就的,也不是一劳永逸的,需要同学们付诸行动,并且持之以恒。

(一)要知道人的潜能是无限的。不管一个人认定自己"如何的不行""如何的没有能力""如何的笨"……他的潜能都是无限的,只是没有挖掘出来、发挥出来而已。科学研究显示,人脑的能力,尚有九成以上未被用到。这就是说杰出的人还可以更杰出很多倍。意识的能力有限,而潜意识的能力则是惊人地庞大——就看我们懂不懂如何把它挖掘出来、发挥出来。

(二)要相信自己有足够的力量和能力处理面临的问题。在这里有必要给大家讲一下脑的运作原理:每个人的大脑都有约 1000 亿个神经元,不同的人相差不会超过 1% ~ 2% ,所以一个人的聪明程度不是由神经元数目决定的,而是由神经元之间的连接网络决定的。

一个人在出生之前,脑中的 1000 亿个神经元已经几乎全部准备好,而神经元之间的连接网络则是十分稀疏的。因为婴儿未能有意识地进行思考,他只会凭外界的刺激而制造连接网络。

任何声音、景物、身体活动,只要是第一次,都会使脑子里某些神经元的树突和轴突生长,与其他神经元连接,构成新的网络。同样的刺激第二次出现时,会使第一次建立的网络再次活跃。就是说,新网络只能在有新刺激的情况下产生。一个人一生中,不断有新的网络产生出来,同时有旧的网络萎缩、消失。一个旧的网络,对同样的刺激会特别敏感,每次都会比前一次启动得更快、更有力。多次之后,这个网络便会深刻到成为习惯或本能了。

所以，如果我们每天能在一个适当的时候，比如早晨起床后，对着镜子大声说或在心里默说"我是最棒的""我行""我一定行""我肯定行"……一段时间后，你就会发现自己对任何事情都充满自信，感到自己已经具备所需的力量和能力，过去畏难的问题现在已经不在话下，即使碰到自己一时没有把握的事情，经过思考和努力也能做好。

（三）**要有具体的目标。**通过思考，参照自己的经历，你应该开始意识到，无论你对学习、生活中的某些领域多么有信心，也可能对其他的领域缺乏信心，比如：我常听到一些学生说，我能学好数学，就是学不好英语。怎么办？此时，我们要有一个信念：我既然能够学好数学，也一定能够学好英语。要知道，随着交通和信息的高速发展，我们生活的世界已经大大缩小成为一个地球村了，随时随地都可能要和不同肤色不同国籍的人打交道，英语作为世界通行语言，是我们走向世界的桥梁，可见学好英语多么重要。有了这样的认识，我相信同学们学好英语的动机会大大加强。在此，介绍两种提升力量和能力的方法。

第一种方法——洒金粉借力法。找出一个你很佩服，英语学得特别好的同学或朋友或其他人，想象他/她站在不远之处，向他/她要求借取学习英语的能力，并且向他/她保证，能力不会因借出分享而减少只会增加。当他/她答应点头后，想象他扬手洒出代表学习英语能力的光粉。想象这些光粉像雨点般降落在自己身上，感受一下能力进入自己身体里的感觉。然后，大力吸气把能力保留在身体里。

第二种方法——观想榜样法。卓别林在一次聚会中一时兴起，唱了一首歌曲，歌声动听。人们赞叹说："想不到你歌唱得这么好。"卓别林回答说："我不会唱歌，刚才我不过是在表演一个著名歌手。"卓别林的故事不仅仅是一个笑话，其中大有深意。许多事我们之所以做不好，是因为我们相信我们不会做，而不是我们不具备做这件事的能力。卓别林相信自己不会唱歌，你也许相信自己不会交际；所以卓别林不会唱歌，你也不会交际。就算你有潜在的交际能力，在你不相信它时，它也发挥不出来。但是卓别林更聪明，他表演歌手，让自己设想此时此刻是这个歌手在唱，就能唱得好。

卓别林还是不会唱,但是他的歌手会唱。假如卓别林一次次去表演歌手,去唱,终有一天,他会发现歌手和自己已结合为一体。那个歌手就是卓别林,卓别林也就会唱歌了。

(四)要把握当下。有人做了一个形象的比喻:**把过去比作一张过期的存折,把将来比作一张不确定的期货单,只有当下才是实实在在的现金。**事实确是如此。如果一个人对过去的失败和错误耿耿于怀,那他就会处于自责、懊悔和烦恼的状态中;如果一个人成天幻想将来如何如何,那就会处于紧张、焦虑的状态中。这两种情况都只会给自己的人生带来烦恼,耽误当下要做的事,使自己处于抑郁或焦虑的负性情绪之中不能自拔。因此,只有把握当下才是最实在的、最现实的,是能够给自己人生带来快乐成功的。

(五)要保持乐观的心态。现代心理学认为,乐观是一种解释风格或归因风格。也就是说把积极的事件归因于自身的、持久性的和普遍性的原因,而把消极事件归因于外部的、暂时性的及与情境有关的原因。

心灵悄悄话

> 自信十二字法则:我肯定自己,肯定自己的长处;我赞美自己,赞美自己的优点;我欣赏自己,欣赏自己的成功;我提高自己,提高自己的水平;我超越自己,超越自己的昨天;我成就自己,实现自己的理想。

别让你的人生暗淡无光

哈佛告诉学生:人必须相信自己,才会对自己的人生充满希望。确实如此,很多时候,只因为我们失去了自信,就觉得自己活着毫无意义。而只有重新找回自信,才能找到生活的希望和东山再起的机会。

哈佛大学的毕业生、美国著名学者爱默生有一句被世人传诵的名言:"你,正如你所思。"这句话很好地说明了自信的重要性。

一个小女孩因为长得又矮又瘦被老师排除在合唱团外。小女孩躲在公园里伤心地流泪。她想:我为什么不能去唱歌呢?难道我真的唱得很难听?想着想着,小女孩就低声地唱了起来,她唱了一支又一支,直到唱累了为止。

"唱得真好!"这时,一个声音响起来,"谢谢你,小姑娘,你让我度过了一个愉快的下午。"

小女孩惊呆了!说话的是一位老人。他说完后站起来走了。

第二天小女孩再去时,那老人还坐在原来的位置上,满脸慈祥地看着她微笑。小女孩于是唱起来,老人聚精会神地听着,一副陶醉其中的表情。他大声喝彩,说:"谢谢你,小姑娘,你唱得太棒了!"老人说完就走了。

小女孩从此充满了自信。

这样过去了许多年,小女孩成了大女孩,也成了小城有名的歌手。但她忘不了公园靠椅上那个慈祥的孤独的老人。后来才知道,老人早就死了。

"他是个聋人。"一个知情人告诉她。

每个人都有自身独具的天赋,但很少有人能令这份天赋传承于生命旅程,因为不自信。因为不自信,常常扼杀自己的才能;因为不自信,常常熄灭希望之烛。自信是成功的邮差,可以穿越艰难险阻到达你的心灵。

只要我们能够树立信心,唤起自己心中的雄狮,就可以和伟人一样获得成功的真正动力,取得令人瞩目的成就。

有一次,美孚石油公司董事长洛克菲勒到一家分公司去视察工作,在卫生间里,看到一位小伙子正跪在地上擦洗黑污的水渍,并且每擦一下,就虔诚地叩一下头。洛克菲勒感到很奇怪,问他为何如此? 这位小伙子答道:"我在感谢一位圣人。"

洛克菲勒问他为何要感谢那位圣人? 小伙子说:"是他帮助我找到了这份工作,让我终于有了饭吃。"

洛克菲勒笑了,说:"我曾经也遇到一位圣人,他使我成了美孚石油公司的董事长,你愿意见他一下吗?"小伙子说:"我是个孤儿,从小靠别人养大,我一直都想报答养育过我的人。这位圣人若能使我吃饱之后还有余钱,我很愿意去拜访他。"

洛克菲勒说:"你一定知道,南非有一座高山,叫胡克山。据我所知,那上面住着一位圣人,能为人指点迷津,凡是遇到他的人都会前程似锦。10年前,我到南非登上过那座山,正巧遇上他,并得到他的指点。假如你愿意去拜访,我可以向你的经理说情,准你一个月的假。"

这位年轻的小伙子是个虔诚的教徒,很相信神的帮助,他谢过洛克菲勒后就真的上路了。他风餐露宿,日夜兼程,最后终于到达了自己心中的圣地。然而,他在山顶徘徊了一天,除了自己,什么都没有遇到。

小伙子很失望地回来了。他见到洛克菲勒后说的第一句话是:"董事长先生,一路上我处处留意,但直至山顶,我发现,除我之外,根本没有什么圣人。"

洛克菲勒说:"你说得很对,除你之外,根本没有什么圣人。因为,你自己就是圣人。"

后来,这位小伙子成了美孚石油公司一家分公司的经理。有一次,在接受记者采访时,他向记者讲述了上面的故事,并补充了这么一句话:"发现自己的那一天,就是人生成功的开始。任何人只要相信自己,就能够创造奇迹。"

确实如那个年轻人所说,任何人只要相信自己,就能够创造奇迹。因此,人生最大的损失莫过于失掉自信,如果你不甘平庸,就要摆脱自卑和自我怀疑的心理。这样,你才能渐渐走向成功,因为每一个不甘沉沦的人,都是造物主最伟大的杰作。

青少年多鼓励才有自信

美国人的自信常会给我们留下深刻的印象。他们总是勇于表达自己,并对自己的能力充满信心。渐渐地我体会到,这和美国人从小接受的教育有关,父母和学校的肯定式教育法让这个民族受益终身。我想,这也是中国的父母和老师应该学习的。多给孩子些鼓励和赞美,这样他们才能更有自信。

我曾听到这样一个故事,感人至深。一位初中数学老师在教一个新概念时,很多学生感到难以理解。他们说,自己感到强烈的挫败感,觉得自己真笨。因此,这群处于青春期的孩子开始情绪低落,以致影响了学习兴致,开始有人厌学。

这位老师没有因此疾言厉色地责备学生,而是先把课停了下来,然后让他们写下班上每位同学最突出的优点。最后,老师将这些评价发给学生。几乎每位学生都是笑着看完了纸条,有的还惊呼道:"我真有那么好吗?""我不知道自己这么受欢迎。"

多年后,班上一位叫马克的学生战死沙场,数学老师去参加他的追思会。这时,马克的战友说:"您是马克的数学老师吧?他临终前一再交代,

要把这个交给您。"这位老师接过来一看，竟是当年课堂上的那张小纸条。马克的父母上前深情地说："感谢您给了马克这样一份让他终身珍视的礼物。您和同学们的肯定和赞美，让他成长为一个自信乐观的小伙子！"当天，参加追思会的同学们也纷纷感谢老师这种肯定教学法，有位同学说，因为有了肯定和鼓励，他才有了自信，勇敢地面对生活中的风风雨雨。

其实，在生活中，孩子也经常会因为学习、交友而感到受挫，家长和老师不要总责备孩子"你怎么这么笨"，摆出一副"恨铁不成钢"的面孔。

美国心理学家托马斯·亚内尔博士就提出，此时孩子已经容易因受挫而变得自卑，因此，**家长和老师就更应该给孩子些鼓励和赞美，如夸奖孩子擅长的一方面，让他们看到自身的闪光点**，就像这位数学老师的做法一样。尤其是对青春期孩子来说，肯定式教育对于他们树立自信更有效。

心灵悄悄话

> 创新思维是人类所独具的。千百年来，人类凭借着创新思维，在不断地认识世界、改造世界。从这个意义上说，人类所创造的一切成果，都是创新思维的外现与物化。它广泛存在于政治、军事决策和生产、教育、艺术及科学研究活动中。

不要被自卑所笼罩

　　自卑是一种消极的自我评价或自我意识，自卑感是个体对自己能力和品质评价偏低的一种消极情感。自卑感的产生，往往并非认识上的不同，而是感觉上的差异。其根源就是人们不喜欢用现实的标准或尺度来衡量自己，而相信或假定自己应该达到某种标准或尺度。如"我应该如此这般""我应该像某人一样"等。这种追求大多脱离实际，只会滋生更多的烦恼和自卑，使自己更加抑郁和自责。

　　1951年，英国女医生弗兰克林从自己拍摄 X 射线衍射的照片中发现了DNA（脱氧核糖核酸）的螺旋结构。经过研究，她大胆地提出了假说，并以此为题作了一次很出色的演讲。

　　然而，许多人对她的发现提出质疑，怀疑她的照片的真实性和假说的可靠性。在这些压力下，弗兰克林也开始怀疑自己：作为一个普通医生，提出这样高深的理论问题，也许太不自量力了吧？她动摇了。于是，她公开否认了自己提出的假说，也没有再继续研究下去。后来，另外两位科学家在这个领域的研究中取得重大成果，并因此获得诺贝尔医学奖。然而，他们最初关于 DNA 结构研究论文的发表，是在1953年，比弗兰克林的发现晚了两年。

　　从故事中可以看出自卑是人生成功之大敌。自古以来，多少人为自卑而深深苦恼，多少人为寻找克服自卑的方法而苦苦寻觅。下面这些途径和方法颇具操作性，有助于人们摆脱自卑，走向自信。

用补偿心理超越自卑

补偿心理是一种心理适应机制，个体在适应社会的过程中总有一些偏差，力求得到补偿。从心理学上看，这种补偿，其实就是一种"移位"，即为克服自己生理上的缺陷或心理上的自卑，而发展自己其他方面的长处、优势，赶上或超过他人的一种心理适应机制，正是这一心理机制的作用，自卑感就成了许多成功人士成功的动力，成了他们超越自我的"涡轮增压"，而"生理缺陷"愈大的人，他们的自卑感也愈强，寻求补偿的愿望就愈大，成就大业的本钱就愈多。

解放黑奴的美国总统林肯，不仅是私生子，出生微贱，且面貌丑陋，言谈举止缺乏风度，他对自己的这些缺陷十分敏感。为了补偿这些缺陷，他力求从教育方面来汲取力量，拼命自修以克服早期的知识贫乏和孤陋寡闻。他在烛光、灯光、水光前读书，尽管眼眶越陷越深，但知识的营养却对自身的缺陷作了全面补偿。他最终摆脱了自卑，并成为有杰出贡献的美国总统。贝多芬从小听觉有缺陷，耳朵全聋后还克服困难写出了优美的《第九交响曲》，他的名言"人啊，你当自助"成为许多自强不息者的座右铭。

在补偿心理的作用下，自卑感具有使人前进的反弹力。由于自卑，人们会清楚甚至过分地意识到自己的不足，这就促使其努力学习别人的长处，弥补自己的不足，从而使其性格受到磨砺，而坚强的性格正是获取成功的心理基础。

人道主义者威特·波库指出，在每个人的内心深处都有一种灵性，凭借这一灵性，人们得以完成许多丰功伟业。这种灵性是潜在于每个人内心深处的一股力量，即维持个性，对抗外来侵犯的力量。它就是人的"尊严"和"人格"。人们为了维护自己的尊严和人格，就要求自己克服自卑，战胜自我。因此，令人难堪的种种因素往往可以成为发展自己的跳板。一个人的真正价值与道德，取决于能否从自我设置的陷阱里超越出来，而真正能够解救我们的,只有我们自己。即所谓"上帝只帮助那些能够自救的人"。

强者不是天生的,强者也并非没有软弱的时候,强者之所以成为强者,在于他善于战胜自己的软弱。一代球王贝利初到巴西最有名气的桑托斯足球队时,他害怕那些大球星瞧不起自己,竟紧张得一夜未眠,他本是球场上的佼佼者,但却无端地怀疑自己,恐惧他人。后来他设法在球场上忘掉自我,专注踢球,保持一种泰然自若的心态,从此便以锐不可当之势进了一千多个球。球王贝利战胜自卑的过程告诉我们:不要怀疑自己、贬低自己,只要勇往直前,付诸行动,就一定能走向成功。久而久之,就会从紧张、恐惧、自卑中解脱出来。因此,不甘自卑,发愤图强,积极补偿,是医治自卑的良药。

心理补偿是一种使人转败为胜的机制,如果运用得当,将有助于人生境界的拓展。但应注意两点:一是不可好高骛远,追求不可能实现的补偿目标;二是不要受赌气情绪的驱使。只有积极的心理补偿,才能激励自己达到更高的人生目标。

用实际行动建立自信

征服畏惧,战胜自卑,不能夸夸其谈、耽于幻想,而必须付诸实践,见于行动。建立自信最快、最有效的方法,就是去做自己害怕的事,直到获得成功。具体方法如下:

1. 突出自己,挑前面的位子坐

在各种形式的聚会中,在各种类型的课堂上,后面的座位总是先被人坐满,大部分占据后排座位的人,都希望自己不会"太显眼"。而他们怕受人注目的原因就是缺乏信心。

坐在前面能建立信心。因为敢为人先,敢上人前,敢于将自己置于众目睽睽之下,就必须有足够的勇气和胆量。久之,这种行为就成了习惯,自卑也就在潜移默化中变为自信。另外,坐在显眼的位置,就会放大自己在

领导及老师视野中的比例,增强反复出现的频率,起到强化自己的作用。把这当作一个规则试试看,从现在开始就尽量往前坐。虽然坐前面会比较显眼,但要记住,有关成功的一切都是显眼的。

2. 睁大眼睛,正视别人

眼睛是心灵的窗口,一个人的眼神可以折射出性格,透露出情感,传递出微妙的信息。不敢正视别人,意味着自卑、胆怯、恐惧;躲避别人的眼神,则折射出阴暗、不坦荡的心态。正视别人等于告诉对方:"我是诚实的,光明正大的;我非常尊重你,喜欢你。"因此,正视别人,是积极心态的反映,是自信的象征,更是个人魅力的展示。

3. 昂首挺胸,快步行走

许多心理学家认为,人们行走的姿势、步伐与其心理状态有一定关系。懒散的姿势、缓慢的步伐是情绪低落的表现,是对自己、对工作以及对别人不愉快感受的反映。倘若仔细观察就会发现,身体的动作是心灵活动的结果。那些遭受打击、被排斥的人,走路都拖拖拉拉,缺乏自信。反过来,通过改变行走的姿势与速度,有助于心境的调整。要表现出超凡的信心,走起路来应比一般人快。将走路速度加快,就仿佛告诉整个世界:"我要到一个重要的地方,去做很重要的事情。"步伐轻快敏捷,身姿昂首挺胸,会给人带来明朗的心境,会使自卑逃遁,自信滋生。

4. 练习当众发言

面对大庭广众讲话,需要巨大的勇气和胆量,这是培养和锻炼自信的重要途径。在我们周围,有很多思路敏锐、天资颇高的人,却无法发挥他们的长处参与讨论。并不是他们不想参与,而是缺乏信心。

在公众场合,沉默寡言的人都认为:"我的意见可能没有价值,如果说出来,别人可能会觉得很愚蠢,我最好什么也别说,而且,其他人可能都比我懂得多,我并不想让他们知道我是这么无知。"这些人常常会对自己许下渺茫的诺言:"等下一次再发言。"可是他们很清楚自己是无法实现这个诺言的。每次的沉默寡言,都是又中了一次缺乏信心的毒素,他会愈来愈丧失自信。

从积极的角度来看,如果尽量发言,就会增加信心。不论是参加什么性质的会议,每次都要主动发言。有许多原本木讷或有口吃的人,都是通过练习当众讲话而变得自信起来的,如萧伯纳、田中角荣、德谟斯梯尼等。因此,当众发言是信心的"维他命"。

5.学会微笑

大部分人都知道笑能给人自信,它是医治信心不足的良药。但是仍有许多人不相信这一套,因此在他们恐惧时,从不试着笑一下。

真正的笑不但能治愈自己的不良情绪,还能马上化解别人的敌对情绪。如果你真诚地向一个人展颜微笑,他就会对你产生好感,这种好感足以使你充满自信。正如一首诗所说:"微笑是疲倦者的休息,沮丧者的白天,悲伤者的阳光,大自然的最佳营养。"

心灵悄悄话

创新是人的本质属性。创新能力的开发,就是经过适当的启迪、开发、训练和实践,将潜藏在人体体内长久不用的、处于冬眠状态的创造力重新呼唤出来,成为一个有创新能力的人。正像一位学者所言:"地球上最丰富的矿藏在人的脑子里。"这矿藏就是人自身的潜在能力。人自身潜在能力的开发,是取之不尽、用之不竭的;它终将带动经济突飞猛进的发展,推动人类社会的巨大进步。

第三篇

用好奇驱动创新

心理学认为：好奇心是个体遇到新奇事物或处在新的外界条件下所产生的注意、操作、提问的心理倾向。

好奇心是个体学习的内在动机之一，是个体寻求知识的动力，是创造性人才的重要特征。好奇心是创造性人才的重要特征已是不争的事实。爱因斯坦认为他之所以取得成功，原因在于他具有狂热的好奇心。

创造性的培养应该从小抓起，已经成为学者们的共识。

好奇心是学者的第一美德

好奇心：人类创造的第一步

事实上，好奇心是人类创造的第一步。牛顿、爱迪生、爱因斯坦都具有少见的好奇心，居里夫人的女儿则把好奇心称为"学者的第一美德"。勤学好问，对任何事物都保持旺盛的好奇心，是任何发明创造的基础。正如巴尔扎克所说："科学之门的钥匙都毫无疑议地是问号，我们所有伟大发现都应该归功于'如何'，而生活的智慧大都源自逢事都问个为什么。"

引起伽利略观察而导致最大发现的，并不是一个十分惊人炫目的东西，而是一件小而简单的物体。许多人都看见过，但并没有对它多加注意，那就是灯。然而伽利略却对灯产生了无限的好奇，从而引发了心中的疑问。

在伽利略 17 岁那年，有一天他走进当地的一个天主教堂。他正若有所思地环视四周时，突然抬头望见礼拜堂天花板上长链悬挂着的灯。这时，他对灯产生了无限的兴趣与好奇，他望着这些摇摆的灯，突然产生了疑问：关于灯的振动，或许长摆和短摆不是同时发生的吧。于是他默数自己的脉搏，以验证他的这种臆测，因为在那时候脉搏是他唯一带来的测量物。最终他的疑问得到了解决，他试验出来了，凡是振摆不管其振幅大小，周期总是一定的。富有创新精神的人往往有着强烈的好奇心，因为对于创新来讲，好奇心是至关重要的。许多创造和发明不是事先能够预料的，它们往往是在创作者好奇心的推动下,经过创造性思维才得出来的。对于创造者来说,好奇心对于形成创新的动机有着重要的作用,它是兴趣的先导,是人们积极探求新奇事物的倾向,是人类认识世界的动力之一。有创造力的人都有一个共同的特征,那就是有强烈的好奇心。一个人只有对客观世界抱有强烈的好奇心,希望去了解它,然后才有可能发现可以改变的方面,而这正是创造的基础。

发现者必然具有强烈的好奇心理,这是许多看似偶然的发现所隐含着的一种必然的东西。如果缺乏好奇心,必然对外界的信息反应迟钝,对诸多有意义的现象熟视无睹,对问题无动于衷,更别说创造与发明了。爱因斯坦有一句名言:**"我并没有什么特殊的才能,我只不过是喜欢寻根问底地追究问题罢了。"**这句话一语道破了创新和发现的真谛:好奇心理、问题意识以及锲而不舍的探求,是科学研究获得成功的前提。

另外,创造的过程往往伴随着很多的困难与挫折,如果没有强烈的好奇心驱动着,就不会有持续不断的动力。具备了强烈的好奇心,就会努力去了解现实中的许多东西,掌握更多的创造材料。可以说,好奇心越强,掌握的现实材料就越多,就越有利于创造出新的成果。

居里夫人是我们都熟知的杰出女科学家,她在放射性领域做出了杰出的贡献,之所以如此,就是因为她有强烈的好奇心,她很想知道沥青矿里有什么东西,为什么它能产生放射性。在这个好奇心的驱使下,她整整四年像马路工人那样去干活,终于提炼出了镭和钋,使得人类进入了放射性时代。

对于孩子来讲,每一个人都有好奇心,这是他们的生理和智慧发展的标志。古今中外有不少伟人就因幼年好奇心强,长大后做出了卓越的贡献。

怀尔斯是英国著名的数学家,他杰出的成绩之一就是证明了法国数学家费马提出的三百六十多年来没有人能证明的"费马大定理"。我们知道商高定理,就是直角三角形斜边的平方等于两边平方的和。但是,法国的数学家费马提出过这样一个疑问,平方成立,那么3次方成立不成立,4次方成立不成立……他认为,在 n 是大于 2 的自然数时没有正整数解。这个

问题激起好多人去证明，但三百六十多年来，费马问题有几千种"证明"，却没有一种经得起推敲，成了数学上的一道难题。怀尔斯在10岁的时候，老师教他商高定理，顺便跟他讲了"费马大定理"，并说这是一个世界数学难题。没想到，这个10岁小孩儿就对这个问题产生了强烈的好奇心和巨大的兴趣，从此以后非常喜欢学数学，研究数学，成了一个著名的数学家，并终于解决了"费马大定理"的问题。

美国的大发明家爱迪生在小时候，跟着母鸡学孵蛋，爸爸问他："你这是在做什么啊？"小爱迪生没有回答爸爸的话，反而纳闷地问："为什么母鸡能孵出小鸡来，而人却不能？"到了小爱迪生上学的时候，他的任课老师被他惹得非常烦，因为他总是不断地向老师问各种问题，以至于老师连课都没法上，结果他被"送"回家去，并得到了老师一个"低能儿"的评语。但是，小爱迪生的母亲南茜并不认为她的儿子是个低能儿，相反，她很欣赏儿子的这种爱问和好奇心特别强的特点，就自己教他读书识字。后来，爱迪生在强烈的好奇心驱使下不断学习、摸索、实验，一生有两千多种发明创造。

爱迪生自己曾说："天才就是百分之一的灵感加上百分之九十九的勤奋。"而这百分之一的灵感其实就是好奇心。 特别是孩子在幼儿时期，他们对周围世界充满好奇，这种好奇心使得孩子能够认识世界，也正是这种好奇心，伴随着孩子创造力的发展。好奇心是孩子学习的火花，是孩子探索世界的动力，而父母在孩子好奇心的发展中，扮演着非常重要的角色。身为父母，应该珍视孩子的灵感，对孩子进行有效的启发和诱导，帮助孩子发展健康的好奇心。如果孩子的好奇心因父母的态度而被压抑，孩子将会失去渴望学习的欲望。

因而，在对待孩子的好奇心上，父母应正确看待和因势利导，为孩子提供安全的探索环境，点燃孩子学习的火花和探索世界的欲望。

陈景润不仅是数学奇才，在教育孩子方面也有独特的见解，他的儿子叫陈由伟，从小就对各种事物非常有好奇心。陈由伟天生聪明，每当他玩玩具时，就会好奇地把玩具拆开来看个明白。玩具是很贵的，母亲对此便非常生气，并严肃地批评儿子，这时，陈景润总是乐呵呵地站在儿子一边说:"孩子有好奇心是件好事。他能拆开玩具证明他有求知欲望,能研究问题。我们应该支持他才对。"而且,陈景润还认为,孩子有个性才能成才,文艺家、政治家、科学家都靠个性的发展才获得成功。因此,他对儿子的培养方法是:民主。家庭民主,父子民主,母子民主,使孩子能自由自在地成长,使他的思维方法更具有个性。

孩子在好奇心的基础上才会生出探索与发现世界的热情,父母应该让孩子的好奇心不断地向正确的方向发展,也只有如此,孩子探索、发现的兴趣和精神才能够得到更好的发展。父母可以耐心地回答孩子的问题,时常参与孩子的活动,并且给予孩子正面的奖励,这些都会使孩子的好奇心朝正面发展;而斥责、处罚或无理地制止孩子,则会阻碍孩子好奇心的发展或将其引向不正确的方向。

但是,父母需要注意的是,启发引导孩子的好奇心既不能操之过急,也不能要求太高,更不要认为孩子有了好奇心就一定会有发明创造,将来一定会成为科学家,要知道好奇心毕竟只是创造发明的萌芽,真正的创造发明还有一个曲折复杂的过程。

为孩子创设有效的学习环境

教师应根据教学目的和学生成长的需要精心设计学习环境,同时广泛利用各种资源,调动家长、学生积极参与学习环境的创设,组成学生学习共同体。

首先,应创设具有新奇性、变化性与神秘性的物质环境。这种新奇包括了学生少见的、由物质材料之间相互作用所产生的变化带来的新奇性。它容易引起学生情感与认知的倾向性。教师应及时观察学生的行为变化,并及时提供支持性材料,以提高学生的好奇心水平。

其次,应创设积极的心理环境,提供积极的情感支持。心理氛围是一种情感活动状态,这种情绪状态在教育活动过程中主要有两种:好奇与焦

虑。这两种情绪在性质与过程上是相反的，但它们相互作用，可以共同激发探索或回避行为。教学中应该创设积极的心理氛围，包括自由、民主、积极的情感互动，如教师热情洋溢的讲述、回答、鼓励性评价等言语行为和微笑、点头、凝视、倾听等非言语行为都会对学生的探索活动产生积极影响。学生可能会由此产生惊讶、兴趣、微笑、专注、适当的焦虑等情感呼应行为。在这样的情绪互动中，幼儿更多体会到安全、宽容、接纳、信心与勇气，大脑皮层处于兴奋状态，更能产生好奇心与探索行为。

心灵悄悄话

创新思维活动是由于一定的客观因素和主观因素、经验因素和非理性因素所引起、推动和维持的，创新思维能力不是先验地存在着的，飘浮于空，让人无从把握，而是现实地存在于人类社会中，并以一定的形式表现出来。换句话讲，创新思维除了必备的知识经验外，还常常受一定的非智力因素的影响、诱发和制约。

人人都有探寻的需要

孩子提出的问题愈多，那么他在童年早期认识周围的东西也就愈多，在学校中愈聪明，眼睛愈明，记忆力愈敏锐。要培养自己孩子的智力，那你就得教给他思考。

其实人的内心里有一种根深蒂固的需要——总想感到自己是发现者、研究者、探寻者。在儿童的精神世界中，这种需求特别强烈。但如果不向这种需求提供养料，即不积极接触事实和现象，缺乏认识的乐趣，这种需求就会逐渐消失，求知兴趣也与之一道熄灭。

好奇心要珍惜

如何对待孩子的好奇心？

好奇是孩子的天性。得到真正教育的唯一方法便是发问，所以一个时时产生问号的头脑是一笔很大的财富。因此，培育孩子保持一种疑问的态度，保持强烈的好奇心，是求学的第一美德。但是，很多的为人父母者却讨厌自己的孩子问问题。诺贝尔奖获得者们小时候也是特别好奇的，是他们的好奇将他们引向了日后的成功。

既然如此，那么他们的好奇与一般孩子有什么不同呢？说他们的好奇把他们引向了日后的成功，这话乍听起来有些突兀，细想起来却一点不虚。

亨利克·达姆，1943 年诺贝尔生理学及医学奖得主。1895 年 2 月 21 日，亨利克·达姆出生在丹麦首都哥本哈根。他小时候聪明好学、活泼好动，只是他的这种良好天性却受到了一点阻碍，这阻碍来自他那位颇为有名的药剂师父亲。这位药剂师父亲个性内向，作风严谨，不苟言笑。也许是职业习惯的关系，这位药剂师对活泼好动、对什么都充满好奇的表现不以为然。他那板着的面孔使调皮的小达姆感到很害怕，他一见到表情严肃的父亲就大气不敢出，生怕做错了什么。这种心理压力对小达姆的健康成长颇为不利，尽管父亲绝无恶意。

十分庆幸的是，小达姆的母亲温柔慈善，她不仅是家里的贤妻，还是一位特别有见识的母亲——把全部爱心和热情都倾注在儿子的身上。她从不强制小达姆，总是循循善诱，耐心地启发和引导他。她支持并鼓励小达姆的好奇心，赞赏小达姆好问好动的天性。对小达姆提出的各种问题，她总是不厌其烦地、尽可能给予满意的解答，同时指导小达姆自己去探寻，去了解。在母亲的精心哺育下，小达姆的好奇心越来越强，遇事更加刨根问底。随着时间的推移，小达姆这种良好倾向得到健康的发展，并且由此学到了很多宝贵的知识。

那么，您是如何对待自己孩子的好奇心的呢？

对待孩子的提问，有的家长不以为然，往往采取随意应付的态度；也有的家长嫌孩子啰唆常常用斥责和拒绝回答的态度来对待孩子的提问。其实，这些做法对孩子的发展都是极为不利的。

从心理学的观点来看，孩子爱提问题，正是好奇心和求知欲的一种表现。而强烈的好奇心和求知欲无疑是智能的先导、才能的萌芽。**人才成长的规律表明，一个人在事业上要有所成就，很重要的是要有强烈的好奇心和求知欲。**我国著名教育家陶行知在一首诗中写道：**"发明千千万，起点是一问""人力胜天力，只在每事问"。**美籍物理学家李政道教授在访问中国科技大学少年班时，就如何培养科技人才，曾专门谈到培养少年儿童的好问精神。他认为少年时代如果没有养成"好问""质疑"的好习惯，将来就做不了第一流的工作。他还讲道，爱因斯坦就是问了几个问题，问了几个前人没有问过的问题，并且自己做了回答,从而在科学上作出了重要的贡献。

培养爱提问的习惯

纵观古今中外历史,大凡在事业上有所作为的人才,小时候都有爱提问题的习惯。

发明大王爱迪生幼年时常常向父亲提出"气球为什么能升上天""人为什么没有翅膀"等诸如此类的怪问题,这种勤思好问的精神是他一生有两千多项发明的一个重要原因;法国大数学家巴斯德,自幼就有着奇异的智能,在刚会说话时便喜欢向大人问各种各样的问题,并且所提出来的问题常使父母和亲友们惊讶不已;我国古代历史学家司马光小时候也很喜欢提问题,有一次他问父亲"你怎么知道汉朝有个司马迁",父亲给他讲了很多历史知识,从此以后,他对历史产生了兴趣,后来成了一位历史学家。美国心理学家洛埃曾花了三年时间,对美国最杰出的几百名科学家进行调查,得出的结论证明,强烈的好奇心和求知欲是这些杰出人物的共同点。由此可见,孩子爱提问题是一件大好事,做父母的不仅要珍惜孩子的好奇心和求知欲,正确地回答孩子的问题,而且应该主动地有意识地激发和鼓励孩子提问题,让孩子从小养成爱提问题、善提问题的良好习惯,这对培养孩子成才具有十分重要的战略意义。

好奇的表现就是好问,而好问就是求知的开始。小时候向父母问,长大了向老师问、向书本问、向实践问,而知识就是靠一次又一次的发问积累起来的,问得越多的人,知识就越丰富,而知识丰富是获得成功的重要基础,甚至包括有一定智力缺陷的孩子在内。

阿尔伯特·爱因斯坦,1921年诺贝尔物理学奖获得者。他刚出生的时候,长得不大好看,特别是后脑勺过大,显得很不匀称。当时连母亲也感到很失望,甚至担心自己是不是生了一个丑八怪;奶奶也认为这个孩子似乎太胖了,看着不大顺眼;慢慢地父亲发现这个孩子不爱说话,显得木讷,而

且性格孤僻，不爱和别的孩子一块玩耍，总是一个人躲在某个角落里独自玩。但小爱因斯坦很喜欢妹妹，妹妹也很喜欢他，兄妹俩倒是很合得来。兄妹俩的长相和性格也都很相似。妹妹经常夸哥哥做什么事情都很认真、有条理。父母也很快地发现了这一点。确实，爱因斯坦学说话就非常认真，从他嘴里说出来的每一个词儿好像都费了好大的劲儿。不过这又给父母带来了担心，因为很多人在很长一段时间里都感到爱因斯坦可能学不会说话。

长到 7 岁的时候，爱因斯坦还是重复大人教他的一些话，而且说起来还非常费劲，怎么也不如一般同龄孩子说得那么顺溜。但父母很快发现，这个说话不利落甚至有点结巴的孩子对呈现在他面前的这个世界上的一切好像都感到惊奇不已，常常显得目瞪口呆的样子。这就是说，大千世界的一切都给小小年纪的爱因斯坦留下了深刻的印象，而且反应十分强烈，表现出了与一般孩子的不同之处，父母越来越发现，爱因斯坦对生活中的一切都充满了强烈的好奇心，并且兴趣非常广泛，一般同龄孩子反应平淡的事情都会使爱因斯坦感到趣味盎然，很想弄明白是怎么回事儿。爱因斯坦过 4 岁生日的时候，父亲送给他一个指南针作为生日礼物，这下更把爱因斯坦的好奇心提了起来，他把指南针拿在手里看来看去，对里面的指针是指着一个方向感到非常奇怪，在很长时间里他都一直看着这个指南针出神，想弄清楚究竟是怎么回事儿。爱因斯坦的这些表现都给父亲留下了深刻的印象，并预感到这孩子有点与众不同。为此，他们不仅没有因为爱因斯坦的一些令人不快的"毛病"而冷落他，而且对他表示了极大关心和爱护，并尽可能地对他进行启发和帮助。

比如爱因斯坦 6 岁的时候就在母亲的影响和帮助下开始学习拉小提琴。爱因斯坦学得非常认真，常常像着了迷一样，有时候晚上还会从被窝里爬起来，悄悄地躲在楼梯的角落里，出神地听母亲弹钢琴。小小年纪的爱因斯坦对大自然的各种现象更是兴趣浓厚，什么风呀、雨呀，月亮为什么不从天上掉下来呀……一个又一个的问题总是问个没完，父母也总是不厌其烦地尽量满足他的要求，久而久之，爱因斯坦从中学到了不少关于自然界的知识，为他将来从事自然科学研究打下了良好的基础。

每个孩子身上都表现出好奇的天性,可见造物主在每个孩子身上都植入了成功的种子,但有的种子却发芽了、长大了、成材了;有的种子却发育不好,甚至夭折了,这一方面跟种子的生命力,即孩子的禀赋有关,另一方面更跟种子萌芽后受到的外界对待有关,这是非常重要的一点。所以,如何对待孩子的好奇心是孩子是否成功的基础。

卡尔·西厄班,1924年诺贝尔物理学奖得主。小时候的一个夏天,小西厄班发现了一个奇怪的现象:刚刚还是晴空万里,忽然之间就刮起了大风,天空也一下子变得灰暗起来。伴着天际传来的隐隐雷声,天空的颜色变得越来越黑了,小西厄班呆呆地望着天空,心里想道:真奇怪呀! 这蓝蓝的天空怎么一下子就变成灰蒙蒙的了呢?

暴雨在雷电交加中迅速地降临了,这时的天空已变得墨黑墨黑的,透过紧闭的玻璃窗向外望去,混混沌沌的一片,什么也看不清楚了,只有当银色的闪电划破昏暗天空的时候,才可以看到雨水铺天盖地般地倾泻下来。小西厄班的心还沉浸在刚才的遐想之中,他忍不住问道:"妈妈,湖水为什么看起来是绿色的,捧到手里又看不到颜色了呢? 还有,天空刚才还是蓝蓝的,为什么一下子就变得黑黑的了呢?"

妈妈看着爱思考问题的小西厄班,心里很是高兴。她想:自己平常也注意到了这些,可是从来没有去细想一下为什么。妈妈虽然为小西厄班的肯动脑筋而高兴,但心里却在为如何回答感到为难。

为了不扫孩子的兴致,妈妈对小西厄班说道:"我们先来猜一个谜语好不好? 等你爸爸回来了,让他来告诉你。""猜什么谜语呢?""你注意听啊,"妈妈说,"天上半个圆圈,五颜六色真好看,晴天找它看不见。"小西厄班嘴里念叨着,"天上……"很快,他就猜出来了:"妈妈,我知道了,是彩虹。"

小西厄班的妈妈心里有些吃惊,没想到小家伙猜得这么快! 而且这一下,小西厄班的问题又来了:"妈妈,彩虹为什么会在雨后出现? 为什么是五颜六色的呢?"

现在,各位为人父母者就明白为什么大多数的孩子长大后都没有成才了吧！当成功的种子在他们身上开始萌芽时,他们受到的是什么对待呢？当他们好奇地问这问那时,有的家长置之不理,使他们的好奇心受到了抑制;有的家长讥笑他们的荒唐,使他们的好奇心受到了损伤;有的家长粗暴地予以训斥,使他们的好奇心受到扼杀;有的家长由于自己知识贫乏而难以回答,使他们好奇心的发展受到了阻碍……在萌芽阶段即遭此厄运,这对以后的发展造成了极大的困难。

好奇心是孩子的天性,是孩子求知欲的表现,是孩子获得知识的途径,是孩子走向成功的开端。如果你们期望孩子长大后有所作为,就好好珍视孩子的好奇心吧。

心灵悄悄话

知识和经验能够促进创新思维的开展。人要进行创新思维,必须具备一定的知识和经验。并且,随着知识和经验的不断丰富,创新思维会取得更大进展。知识和经验在创新思维中有着重要的作用,为此,我们必须尊重知识、尊重经验,不断地学习知识和积累经验,为从事创造性活动打下坚实的基础。

你的好奇心需要激发

在美国,有一个老师很善于激发孩子的好奇心。例如,在一节作文课上,他是这样做的:他准备了一个仅有一个小孔的大黑箱子,里面装满了各种各样的东西,有的是用毛皮做成的,摸上去毛茸茸的;有的是用皮革做成的,摸起来又湿又滑;有的摸上去则质地坚硬;有的则身子很短……这位老师的要求是:每个学生必须通过这个小孔把手放进去,仔细地摸一件物体,但不能够看里面的任何东西,在空着手退出来后,根据自己摸到的东西写一个小故事。学生们被深深地迷住了,他们纷纷踊跃地去尝试并写下了生动的故事。

在讲一篇有关海盗的课文时,这位老师准备了一个装满宝贝的大箱子。他每讲一个关于海盗的故事都要拿出一件东西,事实上,每一件东西都与他所讲的故事有关。当学生被问到预测下一个将要拿出的东西是什么时,他们提出了各种各样的猜测,兴趣也被充分调动起来了。

这位老师的做法非常值得家长借鉴,因为培养孩子的创造力离不开对孩子好奇心的激励,父母必须用心地去想各种办法,通过各种途径去激发孩子的好奇心。那么,具体都应该怎么做呢?

1. 周围的世界很奇妙

父母不管多忙,都应该尽量多抽时间给孩子介绍周围的世界。与大人不同的是,孩子对周围了解得越多,对世界的好奇感就越强烈。因为孩子的求知欲很强,在掌握一定的知识技能后,能注意到、接触到的新事物更多,反而会大大地激发孩子的好奇心。孩子喜欢做没做过的事,尝试没玩过的游戏,并能从中表现出他们的创造力。因此,父母在各种可能的场合,尽量多给孩子介绍周围的世界。父母在对孩子介绍一些事物时,要相对简

洁,跳跃性强,注意力要跟随孩子的视线做一些调整,这是由于年幼的孩子注意力难以长时间集中于同一事物的原因。

2. 充分利用家庭环境

在家庭生活中,有许多事情可以激发孩子的好奇心,例如,当水烧开的时候,可以问问孩子为什么水壶里会发出"嘟嘟"声;可以让孩子摸摸不同质地衣服的手感,让他们比较出不同;或者电视机图像不清楚时,让孩子看一看插头是否插好、VCD是否插入、连线是否与电视机连接好。家庭里有许多事是孩子感兴趣的,关键是抓住机会,让孩子从看似平淡的生活中找到兴趣点。

3. 利用大自然诱发孩子的好奇心

父母可以经常有意识地引导孩子到大自然中观察日月星辰、山川河流。大自然千变万化,是孩子看不完、看不够的宝库。春天可带孩子去观察小树以及其他植物的生长情况;夏天带孩子去爬山、游泳;秋天带他们去观察树叶的变化;冬天又可引导他们去观察人们衣着的变化,看雪花纷飞的景象。父母可以和孩子一起猜云彩的形状会如何变化;听鸟啼婉转,猜唱歌的小鸟长什么样;为什么蚂蚁在搬家;为什么向日葵朝着太阳等。

除此之外,父母还应该指导他们参加一些实践,如让孩子自己收集各种种子,搞发芽的试验,栽种盆花;也可饲养些小动物。随着孩子年龄的增长,可以启发他们把看到的、听到的画出来,并鼓励他们阅读有关图书,学会提出问题,学会到书中找答案。这样,既满足了孩子了解新事物的好奇心,又扩大了他们的知识面。

孩子通过参加各种大自然活动,既开阔了眼界,丰富了感性认识,又提高了学习兴趣,学习能力也在不知不觉中得到了提高。

4. 鼓励孩子多动手

在动手的过程中,孩子会不断有新的发现,他们的好奇心也得到保持和发展。而且,孩子在动手做事情的过程中,手的动作会在脑的活动支配下进行,这也是孩子观察、注意等能力的综合运用过程。同时,手的动作又刺激脑的活动支配能力,促进观察、注意等能力的发展。动手做事不仅可以激发和满足孩子的好奇心,也是孩子成长发展的基础,是开发孩子智力的基础。

5. 多讲故事

讲故事能够激发孩子的好奇心。孩子一般都爱听故事，不管是老师或父母讲故事，还是广播电台或电视台播放故事，他们总是会专心致志地听，特别是绘声绘色地讲故事最能吸引他们。父母多给孩子讲故事，不仅能够激发他们的好奇心，开阔他们的想象空间，还可以利用故事对他们的吸引来帮助他们学习知识。

6. 让书本知识诱发孩子的好奇心

对于大一点的孩子，可以用书上的知识来诱发他们的好奇心，让他们选择性地看一些书，从书本中发现问题并寻找问题的答案。如《十万个为什么》丛书，或从生活中找出一系列问题，并给予他们生动活泼的回答，这都是满足激发孩子好奇心很好的选择。

心灵悄悄话

如果思想活跃、不受习惯看法的约束、不为已有知识和经验所限，勇于探索未知领域，终会有所创造。如果不以自己的知识和经验去开启他人促进自己，而是束缚、限制他人和自己，那么，知识和经验的丰富程度与创造性成果产生的可能性就会成反比。

好奇就自己找方法

好奇与创造密切相连

好奇是孩子的天性，孩子们都爱问这问那。一般的孩子，得到答案就满足了，即便得不到答案，他们也不再追究了。但是，有一种孩子却不同：如果得不到答案，他们会一直追究下去；如果别人不给他们答案，或别人给的答案不能令他们信服，他们会自己想方设法寻出答案。

我们前面提到的丹麦生物学家亨利克·达姆，从小就对他所接触的事物有着广泛的兴趣，遇事爱追根究底，常常使大人们也感到惊奇，认为这孩子很不一般。

很多丹麦人都经营小规模农场，尽管郊外的生活比较单调、闭塞，达姆还是在哥本哈根郊区他外祖父的农场中度过了金色的童年，他外祖父的农场美极了：山坡与草场之间种植着一片片葱绿的大麦、小麦及牧草，肥壮的奶牛漫步于林木之间；斜坡上三五成群的良种山羊在低头吃草；靠近牧场的猪圈里喂有瘦肉型猪。小达姆非常喜爱这种生气勃勃的田园生活。

小达姆非常的懂事，虽然他的外公外婆十分疼爱他，不让他干活，但小达姆总是抢着做一些力所能及的事，如饲养家禽就是他常干的活。一天，小达姆正在喂鸡时，一群顽皮的小猪嗷嗷乱叫地冲过来，冲散了正在吃食的小鸡们。小猪们晃动着大耳朵把受惊的小鸡们追得四处乱窜。小达姆十分恼火，他抓住一头猪，拎着它的耳朵狠狠地训斥了一顿，小猪委屈地跑开了。小达姆懊恼地躺在草丛间，眼前老是晃动着猪的影子与鸡的灵活矫健的身姿。"耳朵!"小达姆惊呼起来，"这太奇怪了。"他的脑海里闪过一种又一种动物：狗、大象、猪……这些动物都有大而明显的耳朵，它们都依靠它来接受外部世界的声音。"那么鸡的耳朵在哪里呢? 或者鸡是通过其他什么器官来听声音的呢?"小达姆苦苦思索着，一个个设想从脑子里冒出来，而后又被一个个否定。"对，一定要去查个明白。"

小达姆一骨碌从地上爬起来，刚才的不快早已一扫而空。他一溜烟似的来到鸡舍。虽然鸡多而杂，但鸡舍总是干干净净的，没有一丝臭味。

小达姆的外祖母正在一只大桶前拌饲料，见小达姆涨红着脸，气喘吁吁地急奔进来，心疼地说："孩子，这么着急干什么? 这次就让我来喂，好吗?"小达姆懂事地帮外祖母拿这拿那。不一会儿，一份经济而科学的鸡饲料就拌好了。"这一次要特别注意鸡的反应!"小达姆暗暗地下了决心。

"咕、咕、咕……"随着外祖母的呼唤声，小达姆发现，那些鸡先是一怔，然后不约而同地把脖子伸长了一下，而后一下子围过来。看来，鸡是有耳朵的。"那么，它究竟长在什么地方呢?"小达姆一边用心思索着，一边出神地看着鸡争抢食物的情形，他陷入了深思，竟然连外祖母的呼唤声也没听到。"孩子，又在想什么事了? 咱们也该回家吃饭了。"外祖母慈祥地看着他，轻轻地拍了拍他的头，体贴地说。小达姆不觉一惊，随即明白了，说："外婆，现在我不饿，等会儿再吃。"外祖母无奈地笑了笑，望着对鸡近于痴迷的小外孙，先回家了。

"不行，一定要把它搞个水落石出。"小达姆自言自语道。春天午后的太阳暖洋洋的，在农场一个最偏僻的角落，晃动着一个瘦小的身影，并偶尔伴着几声"咯咯"的鸡叫声。原来小达姆终究按捺不住强烈的好奇心，偷偷地抱着一只鸡来到无人经过的偏僻地方，他要对鸡仔细地研究一番。他想人、狗、象等动物的耳朵都长在头部两侧，于是就扒开鸡头部那细密短小而柔软的羽毛，睁大了眼睛找着，小鸡被吓得一动不动地任凭小主人在它身上摆弄。终于，小达姆在靠近鸡眼睛的地方发现了两个类似耳朵的东西，但又不太像耳朵。于是他不甘心地继续找，但最终还是没找到。

他想，这可能就是鸡的耳朵了。为了证实一下，他找来一块黑布条严严实实地把"鸡耳朵"捂住，随后嘴里发出"咕、咕、咕……"的声音等待鸡的反应，哪知道鸡站了几秒钟就忽然倒在地上，伸了伸腿，死去了。原来由于小达姆做实验用的黑布条绑得太紧，把小鸡给活活勒死了。小达姆看到可爱的小鸡被他弄死了，流下了伤心的眼泪。

事后，小达姆向外祖母承认了错误，外祖母不仅没有责怪他，还夸他爱动脑筋呢。

像小达姆这样的孩子并不多见，在他们身上体现出的是非常可贵的探究精神。这样的孩子俨然是小科学家或小学者，因为探究精神是科学家或学者必备的素质。没有这种素质，作为一个科学家或学者也就不会有什么成就。下面我们看一些获得诺贝尔奖的科学家小时候在这方面的表现。

1873 年 6 月 3 日，奥托·勒韦出生在德国法兰克福。勒韦小时候很热衷于艺术，他的房间里到处都是艺术品和一些艺术方面的书籍，他一有时间就钻研各种各样的油画、雕塑，暗暗地下决心要成为一个伟大的艺术家。

有一天，小勒韦在用黏土做一个塑像，可是每当他塑到人物躯体的时候，反复许多次都做不好，不是手指太长或太短，就是腰部显得太单薄或太臃肿，无法体现一种人体静态的美。小勒韦为此伤透了脑筋，只好去向爸爸求教。爸爸仔细看了看小勒韦的作品，然后拿起一把黏土，用刀削啊、削啊，人物一下子就出来了，整个塑像骨肉均匀，看上去极富动感，栩栩如生。小勒韦看呆了，可为什么自己怎么刻都不行呢？

"爸爸，你给我说说，你怎么把这个塑像做得这么好呢？"

"孩子，那是因为在我的脑子中有这样的一个形象，罗丹说过把多余的部分去掉，剩下的便是你所需要的。"

"那我怎么塑都塑不出来，这个人像的构思我早已把握完整了，可为什么还是塑不出来？"

"喔，那是因为你不了解人体的构造啊。"

"人体构造？人不就是两条腿、两只手、一个头吗？什么是人体构造呢？"

"说起人体构造，那可是门大学问！你想想，一个正常人是多么的合乎标准啊，我们看去并不觉得不顺眼，这是为什么呢？因为从艺术上来说，我们人体存在一个'黄金分割'现象。"爸爸说着，带着勒韦来到"断臂维纳斯"面前，"你能看出这个维纳斯塑像的体态美吗？那是因为在这里，"爸爸指了一下维纳斯的肚脐，"这是整个维纳斯的'黄金分割点'，正是这个'点'使整个维纳斯塑像显得十分优美动人。"

听了爸爸的这番讲述之后，小勒韦在练习画画和雕塑的时候，常常会想起那个神秘的"黄金分割点"：为什么人体这么完美呢？

有一天，小勒韦在翻看爸爸的艺术书籍时，忽然发现一张大大的彩画。小勒韦展开一看，原来是一张达·芬奇画的人体构造图。小勒韦第一次看到这样的图片，又想起爸爸说的人体结构，他的兴趣一下子被吸引了起来。于是，他将这幅画挂到自己房间的窗前，天天看，天天琢磨。后来，小勒韦又找到一本有关人体结构的书籍，里面的图片第一次向小勒韦展示了人体各个部位的肌肉、骨骼，使小勒韦知道为什么自己的手、脚、头及身体的各种关节都能活动自如。小勒韦对此更感兴趣了，他千方百计从各个地方找来许多医学方面的书籍，逐渐弄清了人体中有多少块肌肉，有多少块骨头，他做的雕塑也越来越好了。

有一天，小勒韦把刚做完的塑像放在桌子上，然后跑到书房去翻看医学书籍。这时父亲走了进来，看到小勒韦放在桌子上的塑像惊讶得瞪大了眼睛，他连忙叫小勒韦，可是没有听见响应。爸爸一边叫一边找，当他推开书房的门，看到小勒韦坐在窗前的地上，身边堆满了书籍，便轻轻地走了过去。

"勒韦，你在看什么书？"

"啊，"小勒韦一抬头看见父亲，回答道，"是医学书，爸爸。"

"医学书！你怎么看起医学书来了？"

"是这样的，爸爸，您上次跟我讲了'人体结构'和'黄金分割'之后，我想搞个明白，于是就自己翻书看看。"

"噢，那么外面那个塑像是你做的吗？"

"是的,爸爸。"

"你是仿照哪个塑像做的呢?"

"噢,是我看了医学书以后,自己琢磨着做的。"

"好样的,孩子,就这么干!"

　　从此,小勒韦更潜心地钻研医学书籍,长大后考入了斯特拉斯堡大学医学院,走上了医学研究的道路。后来他因为发现神经末梢的化学传递而获得了诺贝尔生理学及医学奖。

　　勒韦小时候对医学的好奇令我们感叹,而最令人惊奇的要数兰德斯坦纳了。

　　卡尔·兰德斯坦纳是1930年诺贝尔生理学及医学奖得主。卡尔·兰德斯坦纳于1868年6月14日出生在奥地利首都维也纳。在少年时代,他就酷爱医学,他家附近有一所公立医院的附属医院,就在他每天上学的路上。小兰德斯坦纳每次经过那里时,总觉得那里是座迷宫,很想一探究竟。他经常向父母寻问关于医院的事情,母亲觉得一个小孩子问这样的问题,太不正常,很为他忧虑。母亲既怕儿子跑到那里感染上疾病,也担心他想入非非产生可怕的怪念头,于是给他规定了回家的时间,或者干脆让佣人来回接送。每逢节假日,母亲就带着他与亲朋好友们频繁地往返应酬,让小兰德斯坦纳与表哥、表妹一起做"健康的游戏",或带他去听歌剧、音乐会……他们甚至考虑过搬家,而这一切都是为了转移小兰德斯坦纳"病态的兴趣",让他远离、淡忘那"鬼地方"。母亲的这些措施很见成效,小兰德斯坦纳完全顺应母亲的安排,热情地参加各种活动,避而不提医院的事。但他的父亲知道这是儿子的表面现象。

　　父亲一直注意着儿子的举动:和人谈着话时突然走神;谁有点小毛病,他抢先去拿药瓶,把适应症、服法、用量背得滚瓜烂熟;每晚就寝前道晚安时总显得匆匆忙忙,仿佛有什么事在等着他。终于在一天晚上,父亲发现他在全家人睡下后,点着蜡烛阅读医学类书籍。父亲怕骤然惊着他,故意先咳嗽了两声:"你能否告诉我,你现在研究什么?"

　　父亲平和的态度使小兰德斯坦纳解除了精神负担,他说出了对人类科学来说还十分困难的谜题:"我很想知道,人在将死的瞬间会有什么反应、想法?"

他告诉父亲他如何到医院观看人体解剖和各种实验,跟那里的教授和清洁工都混熟了,并以"你们为老人和儿童做了什么"为题采访过院长,甚至还列席过两次复杂病例的高级会诊。父亲从他的讲述中了解到,他对一般的医疗和实验设备、常用药性能、常见病病因和预防、治疗传染病的方法等都已基本掌握。这一晚,父亲听儿子给他上了一堂很有专业水准的医学课。

这样的孩子真让我们成人敬佩不已,自叹弗如。这样的孩子若得到好的培养,长大后怎能不大有作为呢? 所有获得诺贝尔奖的科学家都是靠着探究精神取得了骄人的成就,他们中很多人的探究精神都是从小时候发展起来的。特别值得一提的是,导致他们中很多人取得重大成果的研究课题,就是他们从小就开始探究的问题。像爱因斯坦从小就探究时间和空间问题,后来终于提出了震惊世界的"相对论";从小就研究人体构造的勒韦,后来在研究神经学方面取得了重大成果;小时候探寻小鸡耳朵位置的达姆,后来又在研究合成胆固醇方面获得硕果;上面我们提到的兰德斯坦纳,后来成了血型的发现者;小时候老爱反复琢磨阳光的奈尔斯,后来探寻出了用光镭射治疗狼疮病的奇特疗法……

好奇心需要正确的引导

要保持孩子与生俱来的好奇心是需要父母正确引导的。孩子的好奇心伴随在他的一切活动中,所以父母要注意教给孩子一些探索答案的方法,以维持他的探索热情。下面介绍一些引导孩子探索答案的方法:

1. 引导孩子接触自然

经常带孩子接触大自然有利于精神放松,引发孩子的好奇心,帮助孩子自己求证答案等,城市里的孩子可以在父母的带领下到郊区或公园散

步,但带着孩子出门之前需要做些准备:

①带足需要的水。

②为孩子准备合适的衣服,如为孩子准备靴子、运动衫或夹克等方便活动的服装。

③注意孩子的身体状况,最好是在孩子状态良好时外出。

④对要去的环境尽量事先考察一下,这有助于引导孩子注意周围的特点。

⑤带好可能会用的物品,例如为增加孩子的乐趣而使用的 CD 随身听、图画书、小玩具等,用于捕捉声音的录音机、放大镜、测量用尺等。

在接触大自然的过程中,父母要注意:

①询问孩子一些简单的问题。例如:"停一会儿,听,你听见了什么?"

②多鼓励孩子运用各种感官去感觉大自然的一切,如声音、颜色或造物主的神奇。

③多与孩子讨论一些问题,如空气的温度、风向、云的形状、动物的活动等。

④注意搜集有关的资料,如搜集一些种子、细枝、鲜花、浮木、贝壳、石头、羽毛等。

2. 用小实验激发孩子的好奇心

多做一些科学的小实验有助于引起孩子的兴奋,激发他们的好奇心。科学是很有趣的东西,有些实验孩子尽管还不知道背后的科学原理,但却能激发孩子的好奇心,甚至对他们今后的志向有所影响。

(1)能在水中呼吸的潜水夫

在一个干净的玻璃瓶里装满无色汽水或苏打水,放入几粒葡萄干,就可以看到一个能在水中呼吸的潜水夫了。

(2)康乃馨的叶脉

在罐子里装满水,滴入几滴食用色素。把刚切下来的新鲜白色康乃馨放入水中。让康乃馨在水里泡上几个小时,不时去检查一下。几小时后,康乃馨的叶脉就会变成和水一样的颜色。用一棵刚切下来的芹菜也可以做同样的实验。芹菜越新鲜,效果越好。

(3)橡皮鸡蛋

将一个连壳水煮蛋放入干净的罐子中,以白醋淹泡。隔几天把白醋换一次,坚持一周以上的时间,一直泡到蛋壳全部化掉为止。再把鸡蛋晒干,就是一个真正有弹性的橡皮鸡蛋了。不过不要把鸡蛋从太高的地方扔下来,否则它还是会碎的。

同样,也可以用新鲜、没有煮过的鸡骨头来做这个实验。把骨头洗干净放进罐中,用白醋淹泡差不多一周后就会出现一块可以任意扭曲的骨头,甚至可以把它打个结。

(4)风暴预告

只要数一数每一次闪电和雷声之间的时间,就可以知道暴风雨是正在逼近还是渐渐远去了。如果这个时间是越来越短,那么表明暴风雨正在逼近;如果间隔越来越长,那么它就是离开了。

(5)蟋蟀温度计

在炎热的夏日傍晚到户外去听蟋蟀的叫声,数一下每 15 秒钟蟋蟀叫了几次,加上 40,就是当时大概的华氏温度了。

(6)微型火山

把一个漏斗插入一个干燥的小塑胶瓶口,灌入两勺苏打水,苏打水越新鲜效果越好。把瓶子放到水槽或者浴缸里,缓缓加入一杯白醋。白醋和苏打水会发生化学反应产生很多泡沫,泡沫会冲出瓶口(瓶子越大,需要的醋就越多)。若加入几滴食用色素就可以得到一座彩色的"火山"。要想让火山喷发得更为激烈,可在放醋之前加入几滴洗洁精。记得让孩子戴上护目镜,以免他过于接近"火山"而受到伤害,尤其是在加入了洗洁精之后。

3. 引导孩子运用各种感官

三岁左右的孩子渴望运用各种感官进行活动,他们的手指、舌头和鼻子也都会随着好奇心的发展而变得更加灵敏。所以,在培养和引导孩子好奇心过程中,一定要让他听、看、嗅、尝、触摸,透过这种直接经验进行学习的效果最好。

(1)听

以一个主题给孩子讲故事,然后与孩子讨论其中的一些关键字。

（2）看

主要是引导孩子观察事物的外在形象，让孩子学会观察。

（3）嗅

孩子的嗅觉是很灵敏的，一些物品之间的差别，如醋与酱油，可以让孩子嗅一嗅，然后区别。

（4）尝

让孩子吃完糖块以后再吃橘子，问问他是什么感觉，这可以让孩子体验味觉的变化。

（5）触摸

各种材料的质地只有触摸过才能够真正知道。

心灵悄悄话

任何人在进行活动时，都会遇到困难和阻力以及受到行为目标的强烈刺激，尤其是在创新思维活动中，目的性和方向性表现得异常强烈、鲜明，存在着巨大的障碍和风险需要去克服，人的精神处于高度紧张状态，没有坚强的意志力及意志对行动的调节，创造性活动就难以维持下去或者其进程就会变得紊乱。因此，创新思维活动是一种复杂的意志活动，是靠意志激发起来的。

让你的好奇心发酵

美国著名发明家爱迪生，小时候并不聪明，因为他对大自然的种种奇观异象都充满好奇，所以，他从一件儿童玩具中得到启发，如果把照片连起来快速移动，就会在眼前构成连续的动作，因此发明了电影放映机。爱迪生一生发明无数，像留声机、电灯、喷气机车、有声电影等。这些发明使人类进入到一个崭新的生存境界。

家长由此应意识到，好奇心能引发孩子的求知欲，是推动孩子主动学习、探求知识的内在驱动力，未来社会是一个充满不确定性、多元化的社会，我们的后代会面临更复杂的竞争环境，这需要他们用超群的想象力、大胆的探索精神去解决问题。而所有勇于实践的行为，都源于他们的好奇心和丰富的心灵做底蕴。

好奇心可以培养

有个儿童教育家说：**"好奇心可以被家长的无知摧毁，也可以被父母的爱心培养出来。"**爱迪生 7 岁上学，不到 3 个月，就因满脑子稀奇古怪的想法被老师劝退学，但他的母亲一直没有放弃教育责任。她不仅给爱迪生讲名人的成功故事，更鼓励他对身边的每件事都问"为什么"，并积极尝试。而我们身边的很多家长，常因担心孩子好奇心过重惹麻烦，而阻止孩子的好奇行为。

甜甜是个聪明漂亮的女孩，一天，她问妈妈："为什么别人都夸我漂亮？"妈妈自豪地说："你每天喝一袋牛奶，牛奶最有营养，能让人漂亮健康。"甜甜立刻把一袋牛奶"哗"地倒进鱼缸里。妈妈见状，当即骂开了："那是人喝的东西，怎么能倒进鱼缸里？！你看，这水我刚换好，现在又要重新换，你真讨厌！"其实，甜甜只是想知道鱼儿喝了牛奶后，是否也会肤白体健。既然牛奶对人有好处，为什么鱼儿不能喝，她要亲自验证一下。这本是多么难能可贵的探索行为啊，但由于妈妈嫌麻烦，甜甜的探索行为受到制约。这件事的后果是，甜甜以后再有大胆新奇的想法，也不敢付诸行动了。

经常听孩子问父母："为什么鸟儿可以飞上天？"对这种幼稚的问题，有的家长不屑一顾："这问题太简单了，有什么好说的！"当父母用敷衍和取笑应对孩子的好奇心时，他们对大自然神奇的景象，便失去了思考的兴趣。另外，父母的知识水平，也会影响孩子是否增强和延伸好奇心。

其实，好奇心与危险并不冲突，父母只要做一些防范措施，完全可以远离危险：比如电插头挂到高处、热水瓶放在孩子摸不到的地方……总之，在安全的情况下，让孩子尽情地对事物展开联想、产生好奇，对孩子后续的学习，会产生极大的推动力。

培养孩子好奇心的方法

1. 随时随地解答疑问，答案未必明确，但态度要诚恳、积极

明明问妈妈："为什么舅舅总在深夜从美国打电话，还说自己在吃午饭？"妈妈告诉他，是因为中美两国有时差。明明再问："时差是什么？"妈妈正在写工作报告，便说："我现在很忙，而且对地理方面的知识也知道得不多，但我会尽快查资料告诉你。"当天晚上，妈妈便找来地理书籍，仔细研究地球的自转、公转和时差问题，第二天便把答案告诉了明明。

父母繁忙时，切勿用"别烦我，走开"或"我不懂，别问了"这种话来搪塞孩子。对孩子来说，父母是否给孩子正确答案并不重要，但认可他好奇心的态度，却会影响他的求知欲。比如像"这个问题提得真妙，让我想想，明天再告诉你"或是"你先说说自己的看法好吗"，这样的回答就很人性化。这种带有鼓励性质的回答，会让孩子衍生出更强烈的好奇意识，扩大思索空间。

2. 让孩子多接触环境和实物，开创感性空间，激发好奇心

有个妈妈说，现在的孩子接触东西太多了，像电脑游戏、卡通片、儿童图书、玩具，他们已经没有时间学习了。言下之意，这些东西对孩子一无是处。其实，换个角度考虑，恰恰是这些东西，开阔了孩子的视野，激发了他们的好奇心，拉大了思维空间。

在这里，建议父母多带孩子参观展览、出去旅游和采风，让他们在各种社交活动中汲取丰富的信息，让好奇心和思考意识始终贯穿在其成长的过程中。

3. 让孩子多动手，在自由的空间里随性地创造，以激发好奇心

阳阳家里有几台拼装四驱车，有的跑得快，有的跑得慢，他很好奇。咨询后得知，汽车跑得快与慢，全由发动机决定。于是，父亲鼓励阳阳自己改装发动机。

他抠抠弄弄地搞坏了几台，越弄问题越多，爸爸花了不少钱，但阳阳最终还是改装成功了，他也因此对机械知识产生了浓厚的兴趣。所以父母应放开手脚，让孩子在实物操作中激发好奇心。

因为探索的快感，总是存在于感性的操作过程中。

4. 父母应多问孩子"为什么"，帮助他建立好奇意识和思考习惯

由于孩子的大脑还未发育完全，思维不够敏感和活跃，所以常对某些新鲜事物视而不见。父母平时要多问孩子"为什么"，帮他建立好奇意识。比如在公园，可以问他"风筝为什么能飞起来"；到了冬天，问他"羽绒服为什么能保暖"。

当孩子在父母的牵引下，看见任何事物都要问"为什么"时，他一生都会养成思考和探索的习惯。

5.父母应加强知识储备,用生动易懂、循循善诱的方式,把孩子引入深层次的思考空间

丽丽问妈妈:"风筝不是飞机,没有能源,为什么能飞上天?"妈妈告诉她,是风带动的气流把风筝托了起来。妈妈反问丽丽:"没有风时,为什么风筝也能飞上天?"丽丽摇头表示不懂。于是,妈妈带她去公园观察如何放风筝。丽丽发现没风的时候,人们多是拽着风筝线跑。妈妈趁机启发她,夏天停电时,奶奶会用扇子给她扇风,于是丽丽回答:"是不是跑的时候,会造成气流流动,跟有风的效果一样?"妈妈高兴地夸奖了丽丽。

好奇心是孩子最强烈的心理活动。一个孩子是否具备好奇心,往往表示其思维是否活跃、心灵世界是否敏感和丰富。所以父母们要从生活的各个环节入手,培养孩子无处不在的好奇心。当"好奇心"贯穿孩子的一生时,他们善于思索、勇于实践的心灵闸门也就被打开了。

心灵悄悄话

在创新思维活动中,良好的意志是激发创新思维的重要因素,是维持创造性活动的"精神能源",是任何有志于创造的人尤其是科学工作者所必须具备的心理素质,这一切同意志所具有的特征是分不开的。

第四篇

赢在专注

要实现某一目标，或者在某一领域内取得成功，专注是必需的。所谓专注，主要是指一个人的注意力高度集中于某一事物的能力。

专注于学习，高尔基才能成为文学巨匠；专注于奔跑，刘翔才能叱咤赛场；专注于真理，伽利略才敢于挑战权威；专注于飞翔，莱特兄弟才能在天空中翱翔。因为专注，成功才得以诞生。专注是一种精神，更是一种态度。专注于学习，你将成就学业；专注于工作，你会作出一番事业；专注于人生，你将拥有无尽的精彩！赢得专注，赢得成功……

专心致志创新才会成功

注意力是发挥创造力的关键

俄国教育学家乌申斯基曾说过："注意是我们心灵的唯一门户，意识中的一切，必然都要经过它才能进来。"的确，注意力是智力结构中的一个重要组成部分，也是发挥孩子创造力的一个关键因素。父母应该从小就培养孩子的注意力，让孩子从小就养成做事专心的习惯，这将影响他们的一生。

我们知道，要实现某一目标，或者在某一领域内取得成功，专注是必需的。所谓专注，主要是指一个人的注意力高度集中于某一事物的能力。注意力的集中与否直接关系到一个人的某项工作或事业是否能够取得成功。学习专注是所有学者的共同特征。一个人只有专注于一个目标，才有可能实现自己的目标，或取得一定的成就。

保持良好的注意力，是大脑进行感知、记忆、思维等认识活动的基本条件。在一个人的学习过程中，注意力是打开心灵的门户。门开得越大，我们学到的东西才会越多。而一旦注意力涣散了或无法集中，就等于心灵的门户关闭了，一切有用的知识信息都无法进入。正因为如此，法国生物学家乔治·居维叶说："天才，首先是注意力。"

在正常情况下，注意力能使一个人的心理活动朝向某一事物，有选择地接受某些信息，而抑制其他活动和信息，并集中全部心理能量用于所指向的事物。而如果无法将心理活动指向某一具体事物，或无法将全部精力集中到这一事物上来,同时无法抑制对无关事物的注意,今天想当银行家,明天又想当科学家,后天又希望自己成为艺术家,难以在一个目标上集中,最后注定会一生无所适从、一事无成。一个人连自己该做的事情都做不好,还空谈什么创造力呢?只有对自己认定的目标全力集中,不断地了解、发现,才有可能在此基础上进行创造。

注意力在各种认知活动中都起着主导作用,尤其是在创造力方面。注意力主要需要做到"注意听""注意看"和"注意想",这是一种眼睛、耳朵和思维活动对有关问题的指向和全力集中。不管做什么事,只有保持注意力,聚精会神,才能事半功倍。

因此我们说,良好的注意力是发挥创造力的关键所在。

著名科学家牛顿就是个注意力高度集中的人。

牛顿一生中绝大部分时间都是在自己的实验室度过的,每次做实验时,牛顿总是通宵达旦,注意力非常集中,有时一连几个星期都在实验室工作,不分白天和黑夜,直到把实验做完为止。

有一天,他请一个朋友吃饭。朋友来的时候,牛顿还在实验室里工作。朋友等了很长时间,肚子很饿,还不见牛顿从实验室里出来,于是就自己到餐厅里把煮好的鸡吃了。

过了一会儿,牛顿出来了,他看到碗里有很多鸡骨头,不觉惊奇地说:"原来我已经吃过饭了。"然后就又回到了实验室继续工作——牛顿注意力高度集中到了做实验上,竟然会忘记自己有没有吃过饭。正是这种高度集中的注意力,才使牛顿在科学领域建立了丰硕的成果。

对于一个孩子来说,培养做事专注的习惯,也会对他的一生产生重大的影响。

儿童教育专家 M. S. 斯特娜认为,孩子只有先形成一种专心的习惯,才有可能在日后对自己的事业全身心投入,而不被其他事情所干扰。

著名物理学家李政道博士在年轻的时候,没有静心读书的环境,他只能在人声鼎沸的茶馆里找一个角落读书。开始,嘈杂的人声使他头昏目

眩，但他并没有放弃，而是强迫自己把思想集中在书本上。经过磨练，以后再乱的环境他都能专心致志地读书。

法国著名作家巴尔扎克在年轻时，曾经营出版、印刷业，但由于经营不善，他的企业很快就破产了，并欠下了巨额债务，债权人常常半夜来敲他的门，要求他还债，警察甚至要拘禁他。那时的巴尔扎克居无定所，后来实在没有办法，就在一个晚上偷偷地搬进了巴黎贫民区卜西尼亚街的一间小屋里。在那个小屋里，他隐姓埋名，让自己从原先浮躁不安的心境中平静下来。他坐在书桌前，认真地反思着，多年以来自己一直游移不定，今天想做这，明天又想改行做别的，始终没有集中精力来从事自己最喜欢的文学创作。想着想着他顿悟了，蓦地站起来，从储物柜里找出拿破仑的小雕像，放在书架上，并贴了一张纸条："彼以剑锋创其始者，我将与笔锋竞其业。"拿破仑想用武力征服全世界，他没做到，巴尔扎克却要用笔征服全世界。果然，巴尔扎克在文学上取得了巨大的成就。

这些成功的事例都告诉我们，要想取得成功，就一定要集中注意力全力以赴。

但是，孩子的注意力是有年龄特点的，也就是说是有一个发展过程的。不同年龄段的孩子，其注意力也是不同的，年龄越小注意力越差，且被动注意越占优势，同一年龄段的孩子注意力也有不同。故孩子在学龄前、婴幼儿甚至小学低年级时，在一定程度上的注意力差，容易分心，应该是正常的。孩子注意力集中时间的长短，主要取决于孩子的年龄、性格和其他个性。例如，一个五六岁的孩子，他的注意力只能维持 15 分钟左右。而八九岁的孩子则可以维持半小时左右。同时，又由于孩子的注意范围较小，受情绪影响较大，注意分配能力也较差，所以常常会出现注意力不集中的现象，于是做事三心二意，常常半途而废。

有一类孩子通常智力正常或大致正常，然而在学习、行为及情绪方面会存在一些缺陷，通常表现为注意力不易集中或集中时间较为短暂，活动过多，情绪易冲动，以致影响做事的效率，对学习不感兴趣，造成学习困难；还有些孩子在家及在校时很难与同学、老师和睦相处，经常上课做小动作，跟同学说悄悄话，小屁股在椅子上扭来扭去，根本坐不住；还有的孩子，就是不喜欢排队,队伍一到他那里肯定就拐弯,要么他就冲到队伍的最前面。这些行为都是孩子注意力不集中的典型表现。

有些父母觉得这是因为孩子太小,不懂事,情况会随着年龄的增长有所好转,事实上,随着他们神经系统发育的日趋健全,注意力不集中行为有时只会增强,不会降低,有时甚至会延续到成年,这样就会严重影响他们的学习成绩和思维发展,因此父母必须及时帮助纠正。如果不采取措施纠正,久而久之就会养成一种坏习惯,对任何事物都难以进行深入的思考,头脑简单,行为幼稚。这对于孩子的学习、成才都会带来极大的不利影响。

父母们都应知道,身边这个小活宝是自己一生中最大的创作,对他的不良行为长久忽视,将会给孩子的将来造成难以弥补的损失。所以,父母要冷静细心地观察孩子的行为,找出孩子不专心的根本原因,并耐心地帮助他加以解决,以便完善孩子智力的发展。

进行专心致志的研究才能真正有所收获

法国昆虫学家法布尔年轻时数理化等成绩都很好,并且曾经取得了博士学位,但是他并没有平均使用自己的精力和力量,而是把目标选在了昆虫研究上,一辈子和黄蜂、苍蝇、萤火虫等昆虫打交道,被人称作是"昆虫汉"。他研究出了很多成果,由于创作了多卷著作《昆虫记》而被人们赞誉为"昆虫界的荷马"。

有一次,有一个青年非常苦恼地对法布尔说:"我不知疲倦地把自己全部的精力都花在我爱好的事业上,结果却没有什么成绩……"

"看来你是一位献身科学的有志青年。"法布尔赞扬地说。

"是啊,我爱好科学,可我也爱好文学、音乐和美术,我把时间全部都用上了。"

这时候,法布尔从自己的衣袋里掏出一块放大镜,对他说:"把你的精

力集中到一个焦点上试试，就像这块透视镜一样。"

一个人只有沉迷于事业，进行专心致志的研究，才能真正有所成就。大家都听说过牛顿另一个故事：有一次，牛顿在做实验时，肚子饿了，就煮上鸡蛋继续做实验。等他想吃鸡蛋的时候，打开锅一看，煮的却是一块怀表。牛顿在精力高度集中时出现的这些轶事是不足为怪的。他的助手回忆说："他很少在两三点钟以前睡觉，有时一直到五六点钟才睡觉⋯⋯特别是在春天或落叶时节，他常常六个星期一直留在实验室里，不分昼夜，炉火总是不熄。他通宵不睡，守过一夜，又继续守第二夜，一直等到完成实验才罢休。"牛顿也曾说过："如果说我对世界有些微小贡献的话，那不是由于别的，都只是由于我的辛勤耐久的思索所致。"

意大利著名男高音歌唱家卢西亚诺·帕瓦罗蒂回顾自己走过的成功之路时说："当我还是个孩子时，我的父亲，一个面包师，就开始教我学习歌唱。他鼓励我刻苦练习，培养嗓子的功底。后来，在我的家乡意大利的蒙得纳市，一位名叫阿利戈·波拉的专业歌手收我做他的学生，那时，我还在一所师范学院上学。在毕业时，我问父亲：'我应该怎么办？是当教师还是成为一个歌唱家？'

"我父亲这样回答我：'卢西亚诺，如果你想同时坐两把椅子，你只会掉到两个椅子之间的地上。在生活中，你应该选定一把椅子。'

"我选择了。我忍住失败的痛苦，经过 7 年的学习，终于第一次正式登台演出。此后我又用了 7 年的时间，才得以进入大都会歌剧院，现在我的看法是：不论是砌砖工人，还是作家，不管我们选择何种职业，都应有一种献身精神。坚持不懈是关键——选定一把椅子吧。"

酷暑的阳光，不足以使火柴自燃；而用凸透镜聚光于一点，即使是冬日的阳光，也能使火柴和纸张燃烧。

光的作用和力量发生了多么大的变化！

一个人的精力和时间本来是很有限的，在这种情况下，如果选不准目标，到处乱闯，几年的时间就会一晃而过。如果想取得突破性的进展，就该像学打靶一样，迅速瞄准目标；像激光一样，把精力聚于一束。

有人把勤奋比作成功之母,把灵感比作成功之父,认为只有两者结合起来人才才能产生。而专注则是勤奋必不可少的伴侣。专注使人进入忘我境界,能保证头脑清醒,全神贯注,这正是深入地感受和加工信息的最佳生理和心理状态。法国科学家居里说:"当我像嗡嗡作响的陀螺般高速运转时,就自然排除了外界各种因素的干扰。"人,一旦进入专注状态,整个大脑围绕一个兴奋中心活动,一切干扰统统不排自除,除了自己所醉心的事业,生死荣辱,一切皆忘。灵感,这智慧的天使,往往只在此时才肯光顾。没有专注的思维,灵感是很难产生的。

一旦专注某种事物,人们就会将自己有限的资源投入这种事物上,对于别的事物则不会产生兴趣,这样就节约了时间和精力。这种专注能够让我们的思维处于连续的工作中,积极地思考必将取得好的结果。同时,专注会蓄积我们全身的热忱,我们的思维、我们的行动会变得积极而迅速。

那种做事漫不经心、懒懒散散、粗心大意的人则不可能取得多大的成就。

那么,该怎样学会专注,培养专心致志的习惯呢?

1. 转移注意力

这主要针对有强烈自我感觉的人而言。既然注意力在自己身上,有效的方法是将注意力从自己身上转移到别的事物上。比如,开会时关注别人的发言或自己的发言,不要考虑别人会怎么看自己,自己是不是引起了别人的注意。

2. 克服自卑和恐慌

一般情况下,自卑和恐慌等消极因素对我们的注意力的影响比较大,持续的时间也比较长。当我们开始行动时,这些讨厌的东西就会让我们难受。我们要意识到它们的存在,想办法将它们驱赶掉,采取自我激励的方式,多给自己打打气,尽量将心态恢复到积极状态中。

3. 克制情绪,保持头脑冷静

当我们情绪低落时,最好的办法是马上将自己的思维带入行动中,强迫自己想一些与行动有关的问题,因为思维是持续不断的,我们会连续不断地思考下去,直到进入行动状态。也可以利用外界的事物,比如听听优

美的音乐,看一件精致的艺术作品,或读一篇有趣的故事等。只有保持情绪的平静,可能让大脑冷静下来,专注于行动上。

4.不要人为地分散精力

人的精力是有限的,如果将有限的精力分散到许多事物上,可能每一件事情都办不好。如果集中精力,只干其中的一件事情,做这一件事发生的作用可能比干几件事还要大。分散和专注是两个截然对立的行为,切忌三心二意,心猿意马。

5.学会休息

科学的作息规律能让我们保持充沛的精力。适时地让大脑得到休息,会让我们的注意力集中,产生较高的效率。那种拼命式的工作方法即使增加了工作时间,但却会使注意力分散,效率低下。因此,专注的人一定懂得休息之道。

心灵悄悄话

凡是有所建树,进行创新思维的人几乎都有百折不回的精神,因为只要想进行开创性的事业,做出有独特意义的成就,总会碰到许多阻碍和难关,这些阻碍和难关有些是人为的,有些是客观存在的。经过一番努力之后,所取得的成果有可能是独创性的,但它还可能会遇到传统势力的抵抗和压制。如果没有坚韧的毅力、顽强的意志,就不可能战胜千难万险而取得创造性的成果。

专注才能成大事

庖丁解牛

成功的人是心细的人、目光敏锐的人。他们不会放过来到身边的每一个机会。因此,他们的成功毫不奇怪。

对于青少年来说,要向他们学习的,首先是他们对身边事情的关注。至少,他们对所从事的行业是极为留意的。如果对什么事都心不在焉,如过眼云烟,都是"事如春梦了无痕",那他能取得成功可就怪了。

以前的语文课中,有一篇著名的文章,题目是《庖丁解牛》。其中写庖丁解牛:"手之所触,肩之所倚,足之所履,膝之所踦,砉然响然,奏刀騞然,莫不中音,合于桑林之舞,乃中经首之会。"

这个庖丁干这一行已经 19 年。有的庖丁的工龄比他还要长,但可以肯定的是,相当一批人达不到他这个水平。为什么他能达到如此高超的水平呢?显然是他平时留心观察、体验的结果。如果他不动脑子,刀子只管随心所欲地砍下去,而不管割到的是肉还是骨头,那么他再干 19 年也出息不了。

西班牙有一句俗语:"一个心不在焉的人就是穿过森林也不会看到一棵树。"

这个比喻十分贴切。比如,同是到商店里工作的年轻人,有的已经工作多年,但对于经商或零售业仍然一窍不通。原因在于,他们做事时心不

在焉，敷衍了事，也从不思考，从不留心任何他所经手的事务。但那些精明能干、善于思考的年轻人，只需要两三个月的工作经验，就会精通商店里的各种事务。如果探询成败的原因，这两种人的工作态度不就说明了一切吗？

克服朝三暮四的毛病

为了在生活中取得一定的成绩，把有限的生命和精力投入到特定的目标上是非常必要的。因此，青少年一定要学会专注，培养专心致志的习惯。这就要求我们首先要克服朝三暮四的毛病。

怎样才能克服"今天想干这个，明天想干那个"的朝三暮四的毛病呢？以下三点建议可供借鉴：

（1）不要为别人的某些成功所诱惑。干事业，最忌见异思迁，而造成见异思迁的原因很多，其中一个原因就是为别人的某些成功所动。正确的做法是认准自己的目标，执著地追求。

（2）不要为一时不出成果所动摇。许多人一心想有所成就，这种心情是可以理解的。但过于急切地盼望成功，则容易走向反面。事实上，干任何事情都有个循序渐进的过程，成功也有个水到渠成的问题。英国作家约翰·克里西开始写作时，收到退稿 743 篇，但这并没有动摇他的信念和决心，他仍坚持写下去，终于取得成功，一生中出版了 560 多本书。如果他看到 700 多篇退稿而退却下来，也就不可能有后来的成就了。

（3）不要怕艰辛，要舍得吃苦。有些人对爱因斯坦在物理学领域的杰出贡献羡慕不已，却很少琢磨他床下几麻袋的演算草纸；有些人对 NBA 球员的声誉津津乐道，却很少去想他们每人究竟洒下了多少汗水。因此，千万不要光羡慕别人的成果，要准备下些苦功夫才行。

按照以上三点要求去做，就能够逐渐克服朝三暮四的毛病。

找到注意力不集中的原因

由于身心发展水平的限制和其他诸多原因,孩子不能将注意力长时间集中于某一件事,而是常常不由自主地从一个事物转移到另一事物上。一旦养成这种行为习惯,对孩子的学习和智力发育等,都有很多不利影响。

孩子注意力难以集中有很多原因,首先是生理方面的,由于孩子大脑发育不完善,神经系统兴奋和抑制过程发展不平衡,故而自制能力差。这是正常的,只要教养得法,随着年龄的增长,绝大多数孩子还是能做到注意力集中的。其次还有病理方面的原因,孩子可能是由于轻微脑组织的损害、脑内神经递质代谢异常等,从而引发儿童多动症,主要表现为注意力不集中、活动过多、冲动任性、情绪不稳、行为异常、学习困难等。再次,饮食和环境方面的原因也会对孩子的注意力产生影响,一些糖果、含咖啡因的饮料或掺有人工色素、添加剂、防腐剂的食物,都会对孩子的情绪产生刺激,影响其专心度。此外,家庭方面的原因也会对孩子的注意力问题造成影响,一些家庭的教养态度与家中生活习惯对孩子的行为影响极大,也常是影响孩子最主要的因素。

但是,不论孩子注意力不集中或类似的状况由哪种原因造成,父母都不可对此掉以轻心,而是应该积极寻找导致孩子注意力不集中的原因,以便尽早消除,帮助孩子健康发展。心理学的研究发现,通常孩子注意力不集中现象的出现,绝大多数都是由于其在幼年时期没能得到正确的培养所致。

那么,究竟哪些原因会导致孩子难以集中注意力呢?

1. 脑平衡功能发展程度差

一些母亲在怀孕时,为安胎常常不敢活动,整天待在家里,实际这并没有什么益处。这样的结果就是孩子出生时早产、难产或剖宫产,出生后爬

行训练不足,不仅如此,这一行为还会影响孩子大脑前庭平衡功能的发展,使孩子在成长过程中表现得好动不安、跑步跌跌撞撞、不会走平衡木、不能盯住目标看等行为。

还有一些孩子,在做旋转运动或游戏时,从来都不会觉得晕,这是由于前庭平衡功能对外界资讯不敏感的缘故;而有的孩子却特别怕晕,这是由于过分敏感,外界的资讯特别容易进入大脑的原因,所以这些孩子特别容易受到外界无关资讯的干扰,当遇到不同的资讯时,注意力就难以集中,使他们的正常活动受到干扰。

2. 注意力转移能力差

由于年龄的原因,孩子注意力转移的能力还没有发育成熟,因而常常无法根据实际需要及时将注意力集中在应该注意的事物上,这也是孩子难以集中注意力的一个原因。如果孩子事前的活动量过大,刺激较强,孩子过于兴奋,就很难将注意力转移到后面的活动中去,容易分心。

3. 环境影响

环境也会对孩子的注意力产生影响,使其难以集中注意力做游戏或做事。比如经常搬家或经常改换生活处所等,会使孩子缺乏安全感,而且经常变动生活场所,家庭生活纷扰,也会使孩子常常处于一种莫名的兴奋状态,做事自然难以集中精力。

游戏是孩子的最爱,每个家长都应该为孩子准备专用的游戏环境,以便孩子可以专心游戏。如果缺乏专用的游戏环境,或者环境紊乱、嘈杂,孩子就难以集中精力做游戏或学习。

此外,生活环境过于封闭或狭窄,会使孩子无法获得外界新鲜感的刺激,对父母过于依赖,无法扩大对事物的注意范围,也会导致孩子注意力不集中。

4. 疲劳

孩子因为年龄小,神经系统的耐受力较差,如果长时间处于紧张状态或从事一种单调的游戏,就会引起疲劳。而晚上让孩子长时间看电视、玩耍,不督促孩子早睡早起,造成孩子睡眠不足,第二天孩子的注意力也就无法集中。

5. 被动注意过剩

人在幼年时期主要以被动注意为主,随着年龄的增长,主动注意意识才会逐渐发展完善。但是,孩子如果在幼儿时期受到过多被动注意的刺激,就会影响其主动注意思维的发展。各种被动注意的刺激包括电视、网络、广告等,其制作强烈动感,色彩鲜艳,画面切换快速,使孩子的目光转向追求新奇刺激,更多的被动注意代替了需要静心、意志的主动注意,短暂的注意占领了长久的注意,甚至慢慢使孩子对阅读、学习这一类缺乏刺激的事物都失去了兴趣和自制力。

为此,无论是在电视、电脑前长大的孩子,还是成年人,都应该审视或改变一下自己的生活方式,给孩子和自己留一点安静的时间去游戏、思考,或安静地读一本书,而不要让纷乱的电视、电脑图像牵着我们的鼻子走,使我们失去享受宁静的乐趣,最终导致失去了注意力、记忆力和思维的能力。

6. 教育方式要恰当

父母是孩子的启蒙老师,是教育孩子的第一个人,因此,父母对孩子的教育方式,将直接影响着孩子的智力和思维发育。

然而,随着社会的发展和生活节奏的加快,人们都步入了一个忙碌、紧张、压力大的生活氛围中,常常感到焦虑不安,情绪急躁。在教育孩子方面,也随之出现了许多不当的教育方式,影响孩子的发展。

①对孩子要求过高,常常要求孩子做他不感兴趣或超过能力的事,迫使孩子用不断变换活动来逃避爸爸妈妈的要求,难以持久地进行一项活动。

②家庭成员对孩子的教育态度不一致,这种态度不一致的情况常常会使孩子无所适从,没有定性。

③孩子独自玩游戏时,父母对孩子进行不必要的干预,特别是孩子刚开始摸索尝试时,就急于指出他的不足,甚至越俎代庖,这既影响孩子情绪,又影响孩子的注意力。

④平时对孩子过于宠爱,甚至对孩子纵容,往往使孩子随心所欲,爱做什么做什么,缺乏忍耐、克制情绪、克服困难的观念,做事自然难以静下心来进行到底。

⑤给孩子买过多的玩具或书籍，使孩子感受太多的外在刺激，玩着汽车又找别的玩具，一换再换。实际玩具只带给孩子短暂的吸引，无法在玩的过程中让其感受到发挥想象力与创造力的乐趣。

⑥为孩子提供的教材太深或太浅，不能引起孩子的学习兴趣；或者引导技巧不佳，或经常出现乘兴开场、大哭收场的局面，这都会使孩子产生对学习或游戏排斥的心理，做事也无法专心。

⑦常常批评、数落孩子，使孩子产生"反正自己怎么也干不好"的想法，从而做事时不肯专心完成它。

⑧孩子在游戏或学习遇到问题时，父母给孩子的指示模棱两可，不清晰，不明确。

⑨父母在孩子完成任务后，不对孩子的"成果"进行赞赏和鼓励，而对孩子的不足却过多地批评和指责，使孩子缺乏兴趣，甚至产生畏难、厌恶情绪。

以上这些教育方式都会直接影响孩子的注意力，如果你有类似的教育方式，建议你尽快纠正，以免影响孩子的成长。

6. 被高级自动玩具所吸引

现在的高级玩具花样越来越多，商家也越来越懂得如何吸引孩子的眼球。但是，这些玩具往往一下就吸引孩子，用不着孩子长时间琢磨要怎么玩、如何玩得更好，所以如果同时有多种玩具在身边，孩子的兴趣自然会不断转移。因而沉浸在玩具堆中的孩子都比较容易出现注意力分散的现象。

既然知道了原因所在，那么父母平时就应该只留几件玩具给孩子玩，将大部分玩具收起来，过一段时间再调换，使孩子的兴趣对同一事物保持一定的时间，养成集中专注的习惯。

心灵悄悄话

在创新思维活动中，遇到问题或处于十字路口时，优柔寡断，犹豫彷徨，只会让机会从身边溜走。如果意志的果断性容忍当断不断、当决不决，那么优柔寡断式的意志就会成为无为、无用的忍耐。

培养你的专注精神

孩子的注意力是在其成长过程中逐步发展和完善起来的,刚出生至一岁的婴儿,只会出现被动注意,而且注意力极弱,只有较大的声响或鲜艳的色彩等较强烈刺激才能引起他们短暂的注意。1～3 岁的孩子,开始出现主动注意。到了 4～5 岁,孩子的主动注意开始有所发展,但此时仍以被动注意占优势。

因此,学龄前孩子的活动主要是在被动注意参与下进行,对鲜明、新颖、具体的现象和变化着的事物较容易产生注意,故参加有趣的活动时注意力强于参加刻板单调活动时的注意力。

到了 6～12 岁时,即到了学龄期,孩子的被动注意和主动注意均有所增强,并逐渐把注意更多地与学习相连。但是,与成人相比,他们的注意仍然较差,这主要表现为:

①注意的稳定性较差,即注意集中的时间较短,容易分心。不过集中注意的时间与孩子需注意的内容和形式也有关,一般 7～10 岁约 20 分钟,10～12 岁约 25 分钟,12 岁以后接近 30 分钟。

②注意的范围具有局限性。

③注意的分配还处于发展中,不能同时做两件相关的事。

④注意由一种活动转移到另一种活动的能力还不完善,所以当让孩子将注意力由感兴趣的游戏或玩耍转移到不感兴趣的学习时比较困难,所需时间较长。

培养孩子的注意力十分重要,父母在孩子很小的时候就应该把孩子的注意力激发出来。当孩子做某件事时,应要求他在规定的时间内完成,并帮助他排除外界的干扰,同时鼓励孩子对感兴趣的问题不断寻根问底,深

入思考,使孩子在兴趣广泛的基础上,选择最着迷的对象深入下去。

1. 充分利用孩子的好奇心

在这个千变万化的世界中,有许多是孩子未曾见过和听过的新鲜事物,这些事物都以其独特的魅力吸引着好奇心极强的孩子们,使他们对此产生巨大的关注。因此,在培养孩子的注意力时,我们可以充分利用孩子的好奇心来进行。

另外,还可以常常带孩子到新的环境中去游戏。比如去逛公园,让孩子看一些以前未曾见过的花草、造型迥异的建筑、引人入胜的景观等,或带孩子到动物园去看一些有趣的动物,和孩子一起来认识这些动物,并给孩子讲一些动物的有关知识,利用孩子对新鲜事物的好奇心来培养他们的注意力。

2. 从培养孩子的兴趣入手

兴趣是最好的老师,人们在做自己感兴趣的事时,总能很投入、很专心,孩子也是如此。如果孩子在入学前接触的书本知识太多,走进课堂后就会发现老师讲授的都是自己屡见不鲜、耳熟能详的东西,那么他肯定就会不由自主地溜号儿,做小动作。在生活中我们也常常会看到一些孩子按家长的要求做事时,总是应付或心不在焉,但在做他感兴趣的事时,却能全神贯注、专心一致。因此对孩子来说,他的注意力在一定程度上直接受其兴趣和情绪的控制,故而在培养孩子注意力时,父母可以从孩子的兴趣出发,将培养注意力与孩子的兴趣结合起来,会更有效。

在培养孩子兴趣时,可以采取诱导的方式去激发。比如开始培养孩子识字的兴趣,父母可利用孩子喜欢故事的特点,给孩子买一些有文字提示的图画故事书,让他一边听故事一边看书,并告诉孩子这些好听的故事都是用书中的文字编写的,从而引发孩子识字的兴趣,然后再逐渐认一些简单的象形字,从而使孩子的注意力在有趣的识字活动中得到培养。

兴趣是产生和保持注意力的主要条件,孩子只有对事物的兴趣增强,他的注意力才容易形成。下面是几种注意力培养与兴趣培养相结合的方法,家长不妨尝试一下:

(1)讲故事

讲故事可以有效地提高孩子的注意力。在给孩子讲故事前,先与孩子面对面手拉手坐好,然后要用有声有色的话语讲给孩子。为了吸引孩子,还可以将故事中的主角换成孩子自己或他喜欢的人物或动物。当孩子出现注意力不集中的时候,就赶紧用疑问句向孩子提问,以吸引孩子。比如问孩子:"你猜到接下来发生什么事了吗?""你知道那只大老虎要去哪里吗?"让孩子来回答问题。

同时,在讲故事时还要经常用眼神和肢体语言来与孩子交流,直到发现孩子的注意力实在无法坚持集中时,马上宣布"今天的故事就到这里结束,明天继续"。随着听故事时间的延长,孩子的注意力会逐渐提高。

(2)涂鸦

小孩子都喜欢自己在纸上写写画画,父母可以利用孩子的这一特点,给孩子一张不容易弄破的厚纸,也可以买一个小画板,然后鼓励孩子在上面涂鸦。但不要急于让孩子画出具体的形状或形象,允许他任意画。当孩子画出一些任意线条时,要对他的作品表示惊喜,并试问他一个具体的指向,比如:"你画的是太阳吧?""这个应该是小鸟吧?"以吸引他继续画下去的兴趣。每天鼓励孩子多画几次,每次坚持几分钟,直到孩子注意力不能再集中时为止。

(3)找相同与不同

给孩子准备一些积木或图片,然后和孩子一起从中找出相同的和不同的。比如,你可以从积木堆中拿出其中的一块,然后让孩子从其余的积木中找出同样颜色或同样形状的积木;当孩子掌握了颜色和形状的概念后,再适当提高难度,让他找出与你手中的积木颜色和形状都相同的积木。

或者用图片也可以,在一些画有动物的图片上,会有不同的动物,有长尾巴动物,如猴子,还有短尾巴动物,如兔子,可以让孩子看图片,然后找出长尾巴动物和短尾巴动物。

让孩子观察事物的特性需要一个过程,因此父母不要急于求成,在孩子对单一特性充分注意和掌握后,再逐渐提高要求,以免孩子产生厌倦。

(4)让孩子做小帮手

孩子对父母的日常用品大多比较感兴趣,因为这些是他不能用的,所以父母可以利用孩子对自己用品的关注来提高孩子的注意力。比如在回

家时让孩子帮忙找拖鞋,一开始拖鞋可以一直放在特定的位置,待孩子熟悉后,再悄悄挪动位置,但不要藏匿,使他稍加寻找就可以看见。待孩子找到后,要对他表示感谢和赞赏,并引导他说出拖鞋应该放的位置。

这样让孩子做小帮手的游戏目标明确,而且容易引起孩子的兴趣,更能集中起孩子的注意力。

（5）读书

每天为孩子读一些情节简单的图画书,最好是童话。在读的时候要有声有色,比如,读到"高兴"两个字时,可以添加"哈哈哈"的笑声,并做出笑的样子;读到"难过"两个字时,可以做出悲伤的表情。读书时除了让孩子看图以外,还要指点文字,让他知道你读的是这些美丽的方块字。从关注故事到关注抽象的文字,对孩子注意力的发展是一个飞跃。

3. 利用游戏培养孩子的注意力

注意力是打开孩子心灵的钥匙,有了它,孩子就能学到很多东西。如果注意力不集中,思想涣散,很多有用的资讯便无法进入孩子头脑中。所以培养孩子的注意力对孩子的智力发育及创造力的开发大有帮助。

游戏也是培养孩子注意力的一个重要途径。苏联心理学家曾做过这样一个实验:让幼儿在游戏和单纯完成任务两种不同的活动方式下,将各种颜色的纸分别装在与之同色的盒子里,观察孩子对其注意的时间。结果发现,游戏中4岁幼儿可以持续进行22分钟,6岁幼儿可坚持71分钟,而且分放纸条的数量比单纯完成任务时多50%。

在单纯完成任务的形式下,4岁幼儿只能坚持17分钟,6岁幼儿只能坚持62分钟。这个实验的结果表明,孩子在游戏活动中,其注意力集中程度和稳定性较强。因此,我们可以为孩子多开展一些游戏活动,使孩子在游戏中提高注意力。

游戏是孩子喜爱的活动,能引发孩子的兴趣,使孩子心情愉快。可供孩子选择的游戏方法也很多,家长可以有选择地与孩子一同开展游戏活动,并在活动中有意识地培养孩子的专注力。

（1）拼图游戏

给孩子选购一些拼图,开始可以选一些简单易拼的,随着孩子熟练程度和技能的加强，再选购难度稍大些的。在选拼图时，要选一些孩子熟悉和喜欢的形象，比如各种小动物、卡通形象等，让他喜欢且完成后有成就感。

拼图游戏需要有高度集中的注意力才能完成，喜欢拼图的孩子，有时能达到非常入迷的程度，能够在相当长的一段时间里持续研究、拼接。但是父母也要注意，拼图的难度要逐渐加大，不能开始就给孩子过难的拼图，让孩子无法完成、失去耐心，而是应该让孩子在拼图过程中产生成就感，这样才能使他的注意力集中起来。

（2）模仿游戏

和孩子面对面站好，你一边喊"眼睛""鼻子""嘴巴""耳朵"等部位，一边触摸自己的相关部位，让孩子模仿着做，比一比谁最正确，谁的速度最快。开始时可以一个部位一个部位地报，当孩子的熟练程度加强后，可以连续报两到三个部位，如"眼睛、鼻子、嘴巴"，让孩子连续触摸，报的速度也可以逐渐加快。这个游戏可以使孩子在高度兴奋中凝聚起注意力。

（3）轮流"劳动"

让孩子反复进行某些行为，维持与他人互动的注意力。在玩时，可以与孩子玩他感兴趣的轮流性游戏，如大家轮流堆积木，一人堆一次，当你做到一半时，故意停下来不做，要孩子看你或者拉你，示意你继续做，然后再继续做，以训练孩子对活动的注意力。

✻ 心灵悄悄话 ✻

在创造性活动中，经常会遇到挫折和困难。此时，我们就需要控制自己的情绪，不要悲观叹气，不要被困难吓倒，否则，创造性的活动就会半途而废，意志就会被削弱。

第五篇

有观察才有创新

清代画家石涛有句名言说:"搜尽奇峰打草稿。"自然界的一草一木、一山一水、一物一景都有着它特有的自然美,都是我们艺术创作的重要素材,需要我们去细心观察积累。每一位美术大师无一例外是观察大师,他们的观察态度值得我们学习。安格尔说:"当我不能用手画时,我就用眼睛画,我没有停止过观察和思考……"培养青少年的观察能力需要我们有一个好的观察态度。没有观察,就没有表现,更谈不上创新。观察过程中,学生会用美术的形式整理和总结观察结果。

思维是核心　观察是入门

有人形象地比喻道：观察力是创造力的眼睛。

由此可见，观察力对一个人创造能力的发展也是至关重要的。只有在平时多看、多听、多接触，积累丰富的知识经验，才能找出各种事物之间的联系，解决问题，发挥创造才智。因此，父母应该认识到观察能力对于孩子求知和成长的重要性，帮助孩子培养观察能力。

在我们的日常生活中，人们常用"聪明、不聪明"来概括一个人的智力。"聪明"，顾名思义就是耳聪目明之意，由此看来，聪明首先应该包括以感知为基础的观察力。

观察力是人类智力结构的重要基础，是人思维发育的起点，也是聪明大脑的"眼睛"，同时更是创造的必备条件。所以有人说："思维是核心，观察是入门。"

盲人摸象

很久很久以前，印度有一位国王，他心地善良，很乐意帮助别人，对臣民们也是如此。

有一次。几个盲人相携来到王宫求见国王。国王问他们："有什么事我可以帮你们吗？"

盲人们答道："感谢国王陛下的仁慈。我们天生就什么也看不见，听人家说，大象是一种个头巨大的动物，可是我们从来没有见过，很是好奇，求陛下让我们亲手摸一摸象，也好知道象究竟长成了什么样子。"

国王欣然应允，就命令手下的大臣："你去牵一头大象来，让这几个盲人摸一摸，也好了却他们的心愿。"

不一会儿，大臣牵着大象回来了，"象来了，象来了，你们快过来摸吧！"

于是，几个盲人高高兴兴地走了过去。

大象实在太大了，他们几个人有的摸到了大象的鼻子，有的摸到了大象的耳朵，有的摸到了大象的牙齿，有的碰到了大象的身子，有的触到了大象的腿，还有的抓住了大象的尾巴。他们都以为自己摸到的就是大象，仔仔细细地摸索和思量起来。

过了好一会儿，他们都摸得差不多了。国王问道："现在你们明白大象是什么样子了吗？"盲人们齐声回答："明白了！"国王说："那你们都说说看。"

摸到象鼻子的人说："大象又粗又长。就像一根管子。"摸到象耳朵的人忙说："不对，不对，大象又宽又大又扁，像一把扇子。"摸到象牙的人驳斥说："哪里，大象像一根大萝卜！"摸到象身的人也说："大象明明又厚又大，就像一堵墙一样嘛。"摸到象腿的人也发表意见道："我认为大象就像一根柱子。"最后，抓到象尾巴的人慢条斯理地说："你们都错了！依我看，大象又细又长，活像一条绳子。"

盲人们谁也不服谁，都认为自己一定没错，就这样吵个没完。

我们认识事物，一定要多角度、多方面地考察，才能得到最全面的了解。如果只知道个局部，就以为自己已经全明白了，从而片面地看待事物，就不免会闹出盲人摸象这样的笑话。

我们知道，一个正常人从外界接触到的信息，有80%以上都是通过视觉和听觉的通道传入大脑，通过观察获得的。如果我们缺少了观察能力，智力发展就好像树木生长没有土壤、江河湖海没有水源一样，失去了根本。

创造力的进步离不开观察力的发展。人们认识任何事物，都是由观察开始，继而才会注意、记忆和思维，因而观察也是认识的出发点，同时又借助于思维提高来发展优良的观察力。如果一个人的观察力低，那么他的记

忆对象也常常是模糊而不确切的。记忆效果差,在运用知识和经验进行分析和判断时就不能做到快速而准确,显得理不直、气不壮,综合分析和思维判断能力差,智力发展受影响,这怎么还能进行发明创造呢?观察效果不好,进一步影响思维和智力的发展,从而形成不良循环。

此外,从生理和心理的角度来看,一个人如果生活在单调枯燥、缺乏刺激的环境中,观察机会少,会使其脑细胞比较多地处于抑制状态,大脑皮层发育较慢,智力受到限制,缺乏创新能力。相反,如果一个人经常生活在丰富多彩、充满刺激的环境中,经常坚持到户外、野外去观察各种事物和现象,大脑皮层能够接收到丰富的刺激,经常处于兴奋活动状态,那么他的大脑发育就会相对较好,智力也较发达,也会具备一定的创造能力。由此可见,观察力与创造力二者的关系就像鱼与水的关系一样,因此,要拥有创造力,必须先训练自己的观察力。

以"进化论"闻名世界的科学家达尔文,小的时候并没有什么特殊的才华,在父亲安排下,他先在爱丁堡大学攻读医学,后来转去剑桥大学研读神学。他的父亲希望他能成为一名神父,但达尔文却喜爱观察大自然,而且非常痴迷。在学习上,他经常与生物学教授为伍,一起讨论有关自然科学的问题。正因为如此,他才提出震惊世人的"进化论"。曾有人问他:"究竟要怎么样才能成为一个科学家呢?"他说:"对科学的爱好,首先要有耐心地思索问题、细心地搜集资料,并且具备丰富的创造力。"

正因为从小就颇富观察力,而且这种敏锐的观察力还激起了达尔文探索大自然的兴趣,这股持续的兴趣,才让达尔文有机会提出"进化论",最后成了一位科学家。可见,良好的观察力是成为一位科学家不可缺少的条件,而观察力也是孩子学习的基础和形成智力的因素。观察是感知觉发展的最高形式,是在综合视觉、听觉、触觉、嗅觉、方位、距离、图形辨别、认识时间等多种能力的基础上发展起来的。孩子借由敏锐的观察力,可获得周围世界的知识。换句话说,观察力是孩子认识世界的基础,更是日后走向成功的关键所在。

一天,莫泊桑从邻人那里听来几个故事,觉得既新鲜又生动,于是就打算在这些故事的基础上写成小说。但是具体怎么写,他的心里还有点拿不准,便跑去请教福楼拜。

他在福楼拜面前把故事讲了一遍后,提出了自己的看法:"这些故事内容丰富,足够写出作品来。"然后期待福楼拜给他意见。福楼拜望了望这位虔诚的年轻人说:"我看你还是别写这些故事为好,希望你做一做这样的练习,骑着马出去走一圈,一两点钟以后回来,再把自己所看到的一切记下来。"莫泊桑听了福楼拜的话,打消了听取别人故事来写故事的念头,并按照导师的说法骑着马出去跑了一圈,回来写出了自己的所见所闻。从此以后,他就按照这种方法练习,几年后,终于创作出了一篇著名的短篇小说——《点心》。

观察是创造的基础,具备观察能力对一个人的创造能力发展至关重要。但是,人的身心发展除了一定遗传作用外,更多会受环境和教育的影响,因此,要想让孩子拥有一个智慧的头脑,父母就应该从孩子很小时候开始对其进行培养,并为孩子创造良好的环境和条件,帮助孩子拓宽视野,让孩子敢于观察、善于观察,为自己的智力发展开启一扇明亮的"窗户"。

或许你会说,小孩子平常就是在不停地看、不停地听,到处摸索、尝试,不用管,自然会具有很强的观察力。真是这样吗?观察不同于随便看看、随便听听,它是一种有目的、有意识的感知活动。人常说"外行看热闹,内行看门道",就是这个道理。孩子天性好奇,表现出好动、好问等多种行为,却很少有目的、有意识、有效地进行观察活动。事实上,孩子的观察力水平比较低。

而且,孩子在幼儿时期,其观察力的发展还有特殊的一面,只有了解了孩子观察力的这种特殊性,才能有目的地训练孩子的观察能力。要了解其特殊性,主要从以下几方面进行注意:

(1)观察缺乏稳定性

幼儿一般很少会自觉地为某一目的而进行观察,容易受到身边事物较为突出的外部特征及当时的情绪、个人兴趣所支配,并且常常会在过程中忘记观察任务,或频繁更换观察物件。

(2)观察持续时间短

一般来说,三岁左右的孩子持续观察图片的时间大约只能延续 5~6

分钟；随着年龄的增长，时间会逐渐延长，到6岁时大约可达12分钟。但对于他们不感兴趣的对象，观察时间会更短，有的不到一两分钟。

（3）观察缺乏系统性和概括性

3岁的孩子在观察图形时，其眼球运动的轨迹是杂乱无章的，5～6岁的孩子在看图时的眼动轨迹会越来越符合图形的轮廓。这也就是说，年纪越小的孩子在观察物体时越缺乏系统性。同时，孩子往往也无心发现事物之间的内在联系和本质特征，缺乏概括性。

因此在培养孩子观察力时，父母应注意有意识地引导孩子去观察身边的事物，让孩子的观察有目的，并逐渐具备系统性和概括性，从而使孩子的观察力得到充分的发展，提高智力水平。著名哲学家黑格尔认为，培养观察力的最好方法是教他们在万物中寻求事物的"异中之同，或同中之异"。

同时，在观察时，父母还应教导孩子由表及里、从近及远、从局部到整体的观察方法，使孩子在循序渐进的基础上，培养他们对生活的好奇心，养成观察事物的好习惯。但不可急于求成，对孩子要求过高，如果强迫孩子观察，只会适得其反，让孩子失去耐心。父母可先为孩子选择孩子有兴趣的事物进行观察，俗话说："好习惯的培养要趁早。"提醒父母要早一点培养孩子的敏锐观察力，孩子才能赢在起跑线上。

心灵悄悄话

强烈而高尚的兴趣，往往会使人在研究和探索中达到一种乐而忘返、如痴如醉乃至废寝忘食的状态。疲倦和劳苦、困难和阻力，在兴趣的冲击下逃之夭夭了。所以，持有兴趣的人总是被感兴趣的对象所深深吸引，去开拓、去创造。兴趣给了他极大的主动性和顽强性。

睁开你创造力的双眼

芝麻开启创造之门

观察是一种基本手段,只有通过深入细致地观察自然、观察社会、观察生活,才会获得丰富的材料,才能理解和掌握知识,从而为创造性的认识提供扎实的根基。

中国物候学的奠基人竺可桢在1972年出版了科学巨著《中国近五千年气候变迁的初步研究》,被认为"特别具有说服力",被全球许多国家争相转载介绍。

竺可桢为掌握写书的第一手资料,进行了艰苦漫长的实地考察。从黑龙江畔到西双版纳,从沙漠戈壁到江海之滨,到处都留有他的足迹。他研究气候和物理,十分注意观察自然现象,可以说观察入微,前无古人。几十年间,他走到哪里就观察到哪里,风力大小,温度差异,花草枯荣,气候变迁,都在他观察之列。这些观察和随后的文字记录为他写成巨著提供了丰富翔实的论据资料,也为他在书中的观点和理论提供了有力的支持。

观察不仅丰富着我们的知识和经验,而且有时一个偶然的观察,就能发现一个奇妙的现象,会在心里留下一个疑问和悬念,从而带动你不断探索。

鲁班是中国古代一位杰出的民间工匠。他一生刻苦钻研,大胆实践,表现出高超的技术和惊人的才智。锯子的发明是鲁班一生中伟大的创造。

当时鲁班参加一座宫殿的建筑,需要大量木料,而条件所限,只能用斧子砍伐树木,工程进展很慢。

眼看工期一天天迫近,鲁班很是焦急。他为了寻找木材,有一次爬上一座险峻的山峰。在爬山过程中,他用手拉住一把草,却突然感觉手指火辣辣的疼。原来手指竟被柔软的草拉出一个血口子。

他并没有在意伤口,而是拔下草,细细端详这柔软的草怎么会将手割出血来。

他发现茅草的边缘上长有一排又密又细的利齿,正是这些细齿在他手上划出口子。

他突然想到,假若有一件像这种草叶一样边上带齿的工具,那样伐木不是比用斧头砍省力、快捷得多吗?

他跑下山,马上让铁匠打造了几十根边缘带有小细齿的铁片。用这种铁片来伐树,果然又快又省力,这就是人们最早的锯。

对于任何事物我们都应该细心地观察,长期地积累,用敏锐的双眼去抓住周围世界中稍纵即逝的机会,相信有一天,幸运之门也会向你打开。

培养观察力的原则

一切较高级的、较复杂的心理活动都是在观察的基础上产生的。一个人如果对周围的事物不能进行系统周密的观察,他的思维就缺乏深厚的基础,知识也是表面的、肤浅的。

思维能力的门户是耳目。现代科学证明:人的大脑所获得的信息,80%~90%都是通过视觉、听觉收集的。所以一个人要想发展自己的智力,首先就必须把观察的大门敞开,让外界的信息源源不断地进入自己的大脑。

大量的事实证明,观察力是一个学者不可缺少的心理品质。

我国著名科学家李四光以他敏锐洞悉各种现象的观察力著称于世。李四光无论走到哪里,都会注意观察周围,处处留心,时时注意,从不放过任何一个微小的观察机会和意外情况。无论是出国讲学、参加国际会议,还是旅行、散步,他都会找机会进行地质观察。1936 年,他出国讲学取道美国回国,在横跨美洲大陆时,就停下六七次,专门爬山考察地质。1949 年以后,他从英国回国途中经过意大利和瑞士,也进行了野外地质考察。长期的野外考察和地质实践,练就了他对祖国山川大地的敏锐观察力,并取得了出色的成就。

观察力是孩子认识世界的重要途径,父母可不要小看了这"观察力",它也是想象力、创造力的源泉,对于孩子今后的智力发展十分重要。观察力强的孩子,智力水准明显高于观察力弱的。

那么如何才能让自己的孩子拥有超常的观察力呢? 培养孩子的观察力要遵循哪些原则呢?

1. 明确观察目的

培养孩子的观察力,第一步就是要让孩子养成有目的的观察习惯,目的越明确,孩子观察的注意力就越集中,也观察得越细致。

父母应提出具体的观察要求或任务,引导孩子提出观察的计划,如步骤、时间、方法等,帮助孩子逐渐形成观察的目的性,这样才能提高孩子的观察能力。比如,在让孩子观察小动物之前,先给孩子提出观察任务:"小动物的尾巴是什么形状的? 耳朵是什么形状的?"在观察过程中,如果孩子的注意力分散了,父母要及时巧妙地提出问题,引回他的注意力,使孩子能始终围绕着观察对象,不轻易转移目标。

2. 激发观察兴趣

父母想办法激发起孩子的观察兴趣,才能提高孩子观察的积极性和主动性,使孩子进一步进行观察活动。发挥主体能动性是完成观察任务的必要条件之一,要做到这一点,就要使孩子所观察的对象本身具有一定的吸引力,选用的观察对象具有一定的新奇性、复杂性;如果观察对象十分简

单、熟悉,就会使孩子产生厌倦心理,不愿去观察它;但如果观察的对象太陌生、太复杂了,与孩子原有的认识距离太远,不仅难以引起孩子的观察兴趣,反而还会使其产生紧张和回避的念头。在观察过程中,要尽量鼓励孩子多方面地运用自己的感官去看、听、摸、闻,并要求孩子用语言表达自己的观察印象。

激发孩子观察兴趣的机会很多,比如在家里让孩子看看、说说家人喜欢的事情,说说衣服、食物特点等。如果家中有动植物,还可以鼓励孩子观察它们的生长变化情况。在户外也可以鼓励孩子进行观察,如观察白云苍狗的瞬息变化、行人的千姿百态、植物的争奇斗艳、昆虫的蜕变活动等。父母首先要有一双发现的眼睛,有一颗童心,这是引导、激发孩子观察兴趣的前提。当孩子沉迷于对自然的观察过程中,给他一个远远的关注就够了,不要过多地干扰他。

3. 变化观察环境

单调的、不变的环境容易使人厌倦,失去观察兴趣,这可以解释为什么很多孩子爱去别人家玩。而丰富多彩、经常变化的环境可以激发孩子的好奇心,而且更有益于孩子发展观察力。

此外,活动的物体也比静止的物体更易引起孩子观察的兴趣,能让孩子的观察持续比较长的时间,这也是为什么孩子喜欢看汽车、看动物的重要原因。因此,父母应注意给孩子多提供一些良好的观察环境,让环境内容丰富多彩、色彩鲜明,经常富于变化,并经常带孩子参加一些户外活动,如郊游等,引导孩子观察的对象最好是生动活泼、形象鲜明的具体事物,即好看、好玩、好听的物体。

4. 掌握丰富的知识

孩子的知识经验来自观察,良好的观察力是获得丰富知识经验的前提条件,同时,丰富的知识经验又能促进观察力的发展,提高观察水平。比如让孩子观察金鱼,当他下次再遇到其他鱼类时,他就会主动去观察它们的身体特点和生活习性。久而久之,他了解了越来越多的水中生物知识,就越想去了解更多的有关知识。可以说,知识经验越丰富,孩子的观察愿望越强烈,观察也越细致、有效,观察能力也能迅速提高。

5. 多提问

父母不应该抱着"孩子什么都不懂"的态度,不同年龄的孩子都可能向父母提出一些精彩的问题,而且有许多问题是父母们意想不到的,甚至包括一些可笑、荒唐的问题。

面对孩子提出的各种"为什么",父母的态度十分重要。如果父母常常觉得不耐烦或者不屑回答,孩子会万分扫兴,甚至挫伤或磨灭他们对周围事物的敏感与思考能力。这也许是父母们没有意识到的,但却是真实存在的。所以,父母平时应鼓励孩子提问,并对孩子提出的问题认真回答。回答不了的,要和孩子一起查阅有关资料,直到弄清楚为止。但需要注意的是,为了培养他们对周围事物的观察与思考,当孩子提问时,不要立即把每个问题的现成答案都告诉他们,可以适当给他们一些提示,让他们自己动动脑筋,不仅能训练他们的观察能力,还训练了他们的思考能力。

6. 多接触大自然

大自然是培养孩子观察力的广阔天地,它可以带来无穷的知识和乐趣。孩子观察力的培养应该在他出生后就开始进行,比如在室内挂一些彩色的图片,使孩子的视觉和辨色能力得到发展。满月以后,可以把孩子抱到户外走走,接触大自然,让孩子充分感受自然,逐渐养成喜欢观察的习惯。孩子在不到一岁时,对外界出现的各种事物就已有了感觉和反应,但多数不是自己主动留意去看的,需要成人有意识地去培养。所以在带孩子出去玩时,要指出能引起他注意的东西,如高楼、大树、汽车、红绿灯等,对于孩子没有注意到的现象可以用语言和手势来引起他的注意。

随着孩子年龄的增长,可以让他观察一些自然现象,如天空的颜色、太阳、月亮、刮风、下雨、晴天和阴天等。春天的时候,可让他观看树叶和各种花儿盛开的景色,秋天则看看落叶等。两岁的孩子已经有了一定的记忆力,但理解力还很差,因此不必急于向他解释不同现象的不同本质,只要引导他去观察不同的现象就可以了。三岁时,孩子对新鲜事物已经越来越敏感,也开始有一些观察能力,此时可以对他感兴趣的问题做一些简单、明确的解释,同时要让他自己去发现各种事物的细微区别,使孩子对自己的发现有愉快的体验和感受,激发他的观察兴趣。

7. 利用多种器官进行观察

在培养孩子的观察能力中,家长最好让孩子通过多种感觉器官参加活动,如用眼睛看,用耳朵听,用手摸,用鼻子闻,等等,亲自进行实际操作,以增强观察效果。比如听一听水流声和鸟叫声有什么不同? 摸一摸真花和塑料花的表面有什么不同? 闻一闻水和酒的味道有什么不同? 还可以和孩子一起种些花草树木,养些小动物,指导他们留心观察,比如看看花草的幼芽如何破土出来? 花谢后会出现什么结果? 虫儿是怎样吃食物的? 鸟儿是怎样飞的……如果孩子能写字了,还可以指导孩子写写观察日记,如植物栽培日记、动物成长日记、天气变化日记、气温变化日记等。年龄小的孩子不能用文字写观察日记,可采用音录、画画、填图等多种形式,让孩子记录观察结果。

心灵悄悄话

有独创性贡献的科学家,常常兴趣广泛,或者是研究过他们专修学科之外的学科;有突出成就的人们,也常常对众多事物抱有浓厚兴趣。过分的专业化和分工,只能导致兴趣狭隘和闭塞,行业与行业之间如有山相隔,很难沟通。

观察与思考一个不能少

用眼观察,用脑思考

一燕不成夏,不要相信你看见的第一个迹象,要仔细观察表象下的本质。

从前,有个年轻人,他的父亲给他留下了大量的财产,但他却毫不珍惜,大肆挥霍。不久,这笔财产就荡然无存了。

年轻人只剩下了冬天穿的厚衣服,有一件皮大衣、一双有毛衬里的皮靴和几副皮手套。这年的冬天很冷,年轻人有了这些东西至少可以保暖,因此他很高兴。

早春的一天,他从顶楼的窗口向外看,见一只燕子从屋檐下飞过。

"燕子是夏季来临的可靠迹象。"年轻人说,"现在我终于可以卖掉这些厚衣服,搞点钱花了。"

他跑到商店去,把皮大衣、皮靴和暖和的皮手套都卖了。这些皮货都很值钱,商店老板给了他不少钱。但这个年轻人旧习难改,口袋里一有钱,就马上跑到高级商店里去,把钱花得一干二净。到晚上,他又一无所有了。

第二天,年轻人一早就醒了,冻得直发抖。到了夜间,天气变了,天寒地冻,下起了雪。年轻人没有了暖和的衣服御寒,只有一件薄衬衫和一条旧裤子。他把窗户打开一条缝,向外张望。窗台上躺着他昨天看见的在阳

光下飞过的燕子,也冻得半死。

"可怜的东西,"他一边说,一边把燕子拿在手里。"要是我昨天没看见你就好了。你和我都以为夏天来了——现在看看我们这副样子吧。"

不要过于相信自己的眼睛,要用脑思考,才能抓住真正的机会。

当然,我们不可能做到事事都判断准确无误,因为良好的判断力需要时间和经验的积累。但是,我们能轻易做到的是:**不轻易地相信自己的眼睛,不让眼睛代替自己的头脑。**

观察方法

观察方法是取得观察效果的必要条件,孩子年龄小,知识经验少,思维具体化,自己不善于观察,所以需要家长教给他必要的观察方法,才能提高观察力。

1. 综合观察法

综合观察法采取先局部后整体或先整体后局部的观察方法,以达到对观察对象全面正确的认识。

2. 动静观察法

动态观察指按先后顺序或方向位置观察物体的变化;静态观察是指按物体的颜色、形状等进行观察,同时帮助孩子建立基本的数学概念,理解数学法则。父母要指导孩子学会动静结合观察法,为孩子以后看图数数和看图列式打下基础。

3. 对比观察

我们周围的各种事物间既有区别,又有联系,引导孩子在对比中观察事物,可以使他的观察活动更全面、更深入,有利于孩子积极主动获得知识,同时更有利于发展思维能力,激发孩子深入观察的兴趣。比如,让孩子观察金鱼和食用鱼的异同,观察蚯蚓与蜗牛的异同。这样的观察既有趣,又有效,还可以使观察活动不断深入。比较是一个鉴别的过程,只有比较过才能知道有哪些不同的地方,逐渐提高观察能力。

4. 反复观察

对于某一动作或某一事物可让孩子进行重复观察,这种方法可以强化孩子大脑皮层形成暂时性的联系,并能使各个暂时性联系之间相互贯通,逐步形成动作或事物的连贯一致。反复观察能形成孩子对事物的整体认识,并掌握一些复杂的环节。

5. 操作观察

观察过程并不仅仅是用眼睛看就可以了,孩子的身体感官参与越多,观察的积极性越高,观察的效果越好。当观察与动手相结合时,孩子观察到的就不只是事物的表面现象,更有助于他了解事物的性质和变化规律,同时还发展了孩子的动手能力和解决问题的能力。

6. 重点观察

在事物完整的发展过程中,帮助孩子找到最主要的环节,这对训练孩子在观察中抓住中心环节、掌握大局大有帮助。

心灵悄悄话

广泛的兴趣能够使人扩大交注范围,接触多方面的事物,获得广博的知识,受到多方面的启发,从而促进智力发展,并使大脑时常处于兴奋状态,进行创造性的思维活动。

培养对生活的敏锐洞察力

生活是一切创造的源泉,科技创新也不例外。而洞察力就是指某些人所具有的那种深入细致的直接观察能力。直观力每个人都具有;洞察力并非每人都具备,只有那些能够"体察入微"者才具备。搞发明创造很需要洞察力,因为发明创造的过程实际上是个"推陈出新"的过程,对你眼前的陈旧事物最初都是通过直观去了解的,只有运用洞察力才能"看透"它,即透过现象看清它的本质,发现它的缺点所在,在此基础上才有可能去变革、去创新。

进行一知半解的直接观察,满足于所摄取的不深不透的表象,是不可能有所发现、有所发明的。发明史上也不乏利用某种偶然机会搞出一件新发明的事例,这种在创造性劳动中偶有所得的现象通常称作"机遇"。机遇与洞察力密切相关,甚至可以说,如果没有高度的洞察力,即使发现、发明的机会降临到你的面前,你也不能抓住它。

在 2008 年的第 23 届河北省青少年科技创新大赛上,85% 的参赛作品来自生活,多功能马桶、智能节电插座、家用电压静电捕获家庭油烟等发明,都是同学们用一双双发现的眼睛从生活中捕捉到的灵感。在谈到对此次大赛最大的感受时,评委们表示,孩子们的研究课题大多从身边事出发,形成了一个个与生活密不可分的发明。

在日常生活中,人们关闭电视、电脑、空调等电器时,通常使用遥控器,使它们处于待机状态。但殊不知,每台电器待机 10 小时,最少耗电 0.5 度。米钊作为这次大赛的青少年选手之一,他想,中国家庭总数将近 4 个亿,假设每个家庭只有一台电器,每天的耗电量就达 2 亿度,太惊人了!

怎样能使电器自动断电,终结如此大的待机能耗呢?米钊从警报器中的红外感应模块得到了启示:通过红外探头输出信号判别房间是否有人。为使设计具备延时断电的功能,他还使用了用于判别控制和计时的单片机,再加上能够接通或切断电源的继电器,由此组合制成了智能节电插座。它只有在房间有人的时候使电源放电;当房间内没人的时间达到延时设定值时,单片机才控制继电器释放,使插座断电。

米钊在赛后接受媒体采访时表示,他手中的这个插座,成本达50元。但如果实现批量生产,成本可降至30元以下,具有非常好的市场前景。

同智能节电插座一样,保定第三中学张耀之、陈姿璇合作完成的这项发明,主题也是节能减排。张耀之发现妈妈在炒菜时,即使开着抽油烟机,还被呛得直咳嗽,厨房滞留的油烟很难擦拭。原来,抽油烟机是靠过滤网过滤油烟的,只能过滤掉40%~60%的油烟,这些油烟被排放到大气中,还会形成大气污染。

随后,张耀之开始翻阅资料,找物理老师开导思路,经过二十多次实验,功夫不负有心人,运用电场学有关原理找到了出路。谈到装置的原理,张耀之侃侃而谈:在积油烟场的一端连接上高压电源,由此形成电场,产生负高压,通过排风扇吸入的油烟就会被电离成正、负电离子。负高压与正电离子中和后,仅剩下负电离子,所以油烟就带上了负电,吸附在积油烟场的外壳内侧。把积油烟场设计成倾斜的,99%的油烟就会顺着倾斜的外壳流到一个容器中。与普通抽油烟机相比,这个装置不但节能60%,而且废弃物可以再加工成为有机肥料,真是一举两得。

机遇能产生发明,可是青少年往往面对机遇却缺乏洞察力,那就只能是"身在宝山不识宝,相逢仍是陌路人"了。**提高洞察力的最重要的途径就是要克服粗心大意、走马观花、不求甚解的不良习气。**心要细,要把观察与思考结合起来。要做到这些,先得提高自己适应环境的能力,使自己的行动不易受外界环境的干扰,"静心体察"必然有助于洞察力的提高。直觉和洞察力表面上看是一种先天素质,实际上它是一种知识的积累到一定程度后的厚积薄发,是一种感悟,是一种环境氛围的熏陶。

肥皂、面霜、洁面乳……卢湾高级中学高二男生瞿子豪从日常清洁、护

肤品中,发现了一个"美丽漏洞"。这些日用品中多半标注含有氧化锌、氧化铝和氧化钛等物质,它们通常以金属氧化纳米颗粒的形式被添加。这些金属氧化纳米颗粒排入水体中,会有什么影响?

小翟做的实验证实,含有氧化铝和氧化锌金属氧化物纳米颗粒的溶液里,即使浓度只有每升 1~2 毫克,依然会毒死我国水域十分常见的剑水蚤。因此,小翟呼吁,应该尽快堵住这个危害水体微生物的"美丽漏洞"。

以上是 2010 年在上海七宝中学举行的第 25 届英特尔上海市青少年科技创新大赛一个选手的发现。来自全市 18 个区县和浙江、江苏、云南以及外籍参赛队 1500 多名中小学生共赴一年一度的青少年"创新盛会"。本届大赛的主题为"体验·创新·成长——迎世博,创建美好的城市生活",赛场内随处可见孩子们的"低碳灵感"。

发明创造就是想一个"没有用"的想法,做一件"没做过"的事,即"看常人所看、想无人所想、做没人所做"。生活是发明的沃土,"想"是发明创造的唯一前提,激情是发明创造的催化剂,思想是发明创造的灵魂,行动是发明创造的最后一步。只要大胆尝试,时时是发明之时,人人都是发明之人。青少年切不可过于大意,要养成敏锐的洞察力,这样才会有更多的机遇和想法,培养自己良好的习惯。

心灵悄悄话

良好的心境,比如心情舒畅、乐观豁达,可以调动人的积极性、主动性和创造性,从而提高学习和工作的效率。不良的心境,如闷闷不乐、郁郁寡欢,会使人心灰意冷、陷入消沉,压抑人的创造性,从而降低学习和工作的效率。

第六篇

建造创新的储存库

好的记忆力是智力发展的基础，也是保持创造力的基础。如果没有记忆能力，孩子每一次都得重新认识那些已经碰见过的事物，那就不可能获得任何生活知识经验。

人的一切活动，从简单的认识、行动，到复杂的学习、劳动，都离不开记忆。记忆是人的智力活动的仓库。

在智力发展最重要的幼儿时期，记忆的意义尤为重要，因此，每一位爸爸妈妈必须关注孩子记忆力的发展。

好的记忆力是创新的基础

孩子的记忆力特点

学习是一个知识积累的过程,没有好的记忆力就无法在脑中积累足够的知识,就无法有效地联想和创造。因此,孩子要读好书,记忆力是基础。记忆力好的孩子十有八九学习成绩也好,而且学得轻松。所谓记忆,就是把目前和过去听到或看到、感觉到的事物留在脑中,并能够凭自己的意志把它们再现出来。

但是有的家长发现孩子经常丢三落四、马马虎虎,就认为孩子天生记忆力就不好。但是,你的孩子事实上是否真的如此呢?

其实,孩子的记忆力不完全是一成不变的,经过后天的科学培养,是能够唤醒孩子的记忆潜能的。而且心理学家研究发现,记忆力一般产生于婴儿时期,3～7岁是孩子记忆发展的关键期。在这一时期进行科学训练不仅见效快,而且效果好。各位家长切莫错过这一好时期。

若要帮助孩子开发记忆潜能,提高记忆力,首先要掌握孩子在幼儿时期由生理、心理特点决定的记忆特点,再在此基础上进行引导。既然如此,儿童的记忆力又都有哪些特点呢?

首先,幼儿时期的记忆力主要是无意记忆。所谓无意记忆,就是指没有什么记忆目的,而是在生活中自然而然地记住了一些东西。入学以后,在学校正规教育影响下,有意记忆开始占主体。

其次，以形象记忆为主。所谓形象记忆，就是对感知过的事物的外在具体形象，如形状、颜色、大小等内容的记忆。幼儿并不因别人的要求或自己的需要去记忆，而是因一些东西的本身生动形象、具体鲜明，能引起他们的兴趣或强烈的情绪体验，使他们自然而然地记住了。这种记忆为人脑提供了丰富的形象刺激。遵循此点，家长在培养孩子的记忆力时，应先要孩子记住有鲜明的形象特征的东西，待到孩子的语言能力充分发展后，形象记忆才被抽象记忆逐渐取代。

再次，机械记忆为主。在幼儿期，孩子思维水平较低，词汇量少，对事物理解力差，他们的记忆带着很强的具体形象性。记忆的形象性决定了它的机械性，于是，孩子只根据事物的外部表现，采取简单重复的方式进行记忆。但也不能依此而得出幼儿只有机械记忆而没有意义记忆的结论，只不过是在四岁之前，他的意义记忆发展得不明显。

最后，孩子记得快，忘得快，精确性差。孩子的记忆能力由于受其神经系统发展特点的制约，记得快，忘得快，精确性差。而且，他们识记和再现的内容，大多是富有情绪色彩的东西，很少能记住本质的东西；往往只抓住具体特征的一个最鲜明的方面，综合记忆能力差。此外，对主观愿望、现实状况常常混淆，这样造成对记忆材料的歪曲。

孩子正处在发育阶段，因此他们的记忆力有很多不足，但家长应该明白，这不是他们本身的缺陷，只要对他们培育得法，完全可能成长为诺贝尔式的天才人物。

心灵悄悄话

任何一个人难得有足够的时间去做所有想做和应该做的事，对可以忽略什么需要作出选择。因此，兴趣收敛起来而形成的中心兴趣就可以促使活动主体把自己的知识、智能、精神和时间都聚合起来，形成一种强大的、具有突破性的创造力量。

记忆力培养的原则

记忆活动是人的一种心理现象,而且这不是孤立的,它的发展是与其他心理活动协同作用、互为影响的结果。因此,要使记忆力达到最佳水平,就必须拥有良好的心理基础,如坚定的信心、明确的记忆目标、高度的注意力等。这些对孩子记忆力的训练非常重要。

首先,坚定的记忆信心是记忆的前提。相信自己能记住,就会迅速地排除杂念、集中精力,进行积极的记忆。相反,在记忆前总是担心自己记不住、记不牢,那记忆力就会一落千丈。因为在记忆消极的状态下根本无法调动大脑神经细胞的积极性,大脑处于一种消极的抑制状态,记忆的潜能不能被充分挖掘,注意力也难以集中,从而影响大脑对信息的接受、加工、存储和提取。**坚定的记忆信心能消除记忆上的自卑。**

其次,记忆必须有目的性。记忆有强烈的意识性和倾向性,要想记住什么必须有明确的目标,记忆效果和记忆的目标有着密切的关系,在相同的条件下,记忆的目标越明确,记忆的效果就越高。因为注意力的指向性越集中,使大脑细胞处于高度活跃状态,形成一个优势的兴奋中心,容易接受外来的刺激,使大脑记忆痕迹清晰,因而储存持久。而记忆目的不明确,注意力随时有可能被分散和转移,大脑皮层兴奋中心形不成兴奋优势,记忆效果就会降低。记忆任务的远近与记忆的持续时间也有关。实践证明,有长期记忆任务的材料,保持的时间就长;短期记忆任务的材料,保持的时间也就短一些。因为,长久记忆的任务,能引起更为复杂的智力活动和更高的积极性。

心理学家彼得逊曾用两个小组进行记忆 16 个单词对比实验,一组是有目的要求的,另一组是无目的要求的,其他各类的情况、条件相同。结果：有目的要求的组当场记住 14 个单词，两天后能记住 9 个；无目的要求组当时记住 10 个单词，而且两天后只能记住 6 个。很显然，前者效果明显好于后者。

因此，在日常生活中和进行游戏活动之前，家长应当主动向孩子提出明确的记忆目的，提醒孩子的有意记忆。如在讲故事之前，家长预先向孩子提出要复述故事的要求；看卡通片前，要求第二天把大概意思说一说；去动物园之前，要求孩子记住动物外型、动作及神态，回家后进行模仿或画出来。这样一来，有利于发展孩子的有意记忆，开发孩子的记忆潜能。

再次，高度集中的注意力。教育家乌申斯基说：**"注意是唯一的门户，只有经过这个门户，外在世界的印象……才能在心里引起感觉来。如果印象不把我们的注意集中在它身上，那么虽然可以影响我们的肌体，但我们是不会意识到这些影响的。"**

大脑思维具有"指向性"和"集中性"的特点。指向性使人的心理活动在每一瞬间只反应一定的事物，集中性使外界事物在人脑活动中可以获得清晰的、深刻的反应。人在同一时间不能感知周围的一切事物，对于少数事物感知很清晰、很完全，对于另一些事物就很模糊，甚至毫不在意。因此，注意力越集中，感知越明确，它的痕迹也就越深刻，越能巩固地保持下来。总之，注意力对人的记忆是非常重要的。所以，高度的注意力，是保证良好记忆的重要条件之一。若要孩子集中注意力，应培养孩子记忆的兴趣。德国大作家歌德说过："哪里没有兴趣，哪里就没有记忆。"兴趣使人的大脑皮层形成兴奋优势中心，能进入记忆最佳状态，最大限度地调动大脑两个半球的内在潜力，可充分发挥孩子的创造力和记忆力的潜能。而且，兴趣能激发孩子积极思考，经过积极思考的东西能在大脑里留下痕迹。兴趣使孩子情绪高涨，良好的情绪可激发脑肽的释放，而生理学家认为，脑肽是记忆学习的关键物质。

复次，要多观察、多思考。观察能加深孩子的无意记忆。在孩子以无意记忆为主的阶段，观察力的高低决定着他记忆力的好坏。观察有助于加深印象，有助于信息编码的条理性，使信息形象化、具体化。

当孩子的有意记忆得到增强后，理解力就很重要了。理解是思维的功

能，记忆是思维的起点，思维又是记忆进行的机制。思考有助于对记忆信息的判断和推理，有助于对记忆信息进行编码储存使之有序。对任何知识和经验的记忆，假如没有思维过程，就很难变成长久记忆被保持下来。知识是外在的东西，通过感觉器官感知的知识，如果没有经过思维器官深入思考，那么它依然是外在的东西，是不能被识记者真正接受的。思考可以变外在之物为内在之物，从而达到深刻记忆的目的。

从心理活动过程看，思考过程就是理解过程，而理解过程又是信息在头脑里编码归档的过程。研究表明，材料组织程度越高，记忆效果就越好，要发展记忆力，就必须相应地发展思维。只有具备了灵活的思维，才能使记忆力达到超凡脱俗的境界。

最后，丰富孩子的知识、经验。知识是记忆力的燃料。一般从理论上讲，一个人的知识越丰富，就越能建立起新的暂时的神经联系，而脑神经的联系越广泛，对新知识的理解力就越强，自然记忆效果也就越好。另外，学习迁移原理也表明，学习某一知识和技能，对于学习另一种知识和技能有着重要的影响。如学会了英语，再学习另外一门外语就比较轻松了。因此，丰富的知识是提高记忆力的重要条件之一。

心灵悄悄话

如果我们对任何事物都有兴趣，对任何事情都有热情，但今天喜欢这个，明天喜欢那个，没有一个相对稳定的兴趣，结果是对任何事物都没有兴趣，就像一份微薄的财产要分给众多的人，人人都有份，结果是人人都贫穷一样。一个人没有持久的兴趣，是不会有行动上创造性的突破的。

记忆力是一切智力之母

人的大脑潜力巨大,父母若能教给孩子一些科学的记忆方法,在孩子的智力发展上可收到事半功倍的效果。培养孩子记忆的方法很多,父母在孩子的活动中,可以采用以下几种方法,有效地培养和发展孩子的记忆力。

1. 直观现象法

根据孩子喜欢直观形象的特点,充分利用具体直观、生动鲜明的物品,引起孩子的兴趣,帮助孩子记忆。直观现象法就是抓住各种事物发生的现象,让孩子去认识、记忆,特别是直观后,要用启发式的提问帮助孩子记忆。

父母恰当地运用实物、标本、模型、图画等直观物体对孩子进行引导学习,孩子就会产生形象记忆,提高记忆能力。如学习歌曲,可以运用图片或实物等辅助工具向孩子解释歌词,让孩子能具体地看到歌曲里所表达的东西,这有助孩子理解记忆歌曲内容,并学会歌曲。又如学习数的组成、加减法这样比较抽象的知识时,可以利用实物进行演示、讲解,加之孩子也能动手操作参与其中,所以他们很快就能理解和掌握知识。

但是,父母给孩子记忆的材料要具体形象。另外,由于孩子的语言发展处于初级阶段,还不善于运用词语记忆,因此,在帮助孩子记忆的活动中,父母除了要使记忆材料具有直观性、鲜明性之外,还需要配以适当的词语说明。在关键的地方,更要在语调上加以强调,以使活动直观形象,充分引起他们的无意识记忆,提高记忆效果。

2. 游戏记忆法

透过游戏来增强孩子的记忆力很重要,高尔基说过:"游戏是孩子认识世界的途径。"游戏是孩子最喜欢、最感兴趣的活动,爸爸妈妈若把知识融于游戏之中,那么孩子就可以在游戏中学习,在游戏中记忆。

如讲述"小蝌蚪找妈妈"的故事后,可以让孩子进行表演游戏,小蝌蚪是怎样找妈妈的? 小蝌蚪的妈妈在哪里? 长得什么样子? 孩子在表演的浓厚兴趣中记住了青蛙的外形特征和生长过程。

又如认识水,父母可以让孩子用小竹篓盛水,用手抓水,从而知道水会流动。再在水中放入各色塑胶玩具,让孩子玩水,利用有色的塑胶玩具,引导孩子认知水是无色的。孩子在玩水的过程中,便掌握了水的性质。

另外,父母还可以和孩子玩"什么不见了""多了什么""少了什么""什么变了""还原游戏""看谁记得又快又好"等游戏。

3. 器官参与法

人的多种感觉器官参与记忆活动,能够大大提高记忆水平。当孩子在记住某些内容时,在条件许可的情况下应尽量让孩子调动听觉、视觉、触觉等多种感觉,让孩子既动手又动脑,如此可以提高记忆的效果。如认识纸,可以让孩子用手把纸放进水里看纸吸水,把纸放在火上烧一烧,用手撕一撕纸。透过实验,孩子就能记住纸的几个特性。

又如认识苹果,可以让孩子先看一看,接着用手摸一摸,然后用鼻子闻一闻,最后再用嘴巴尝一尝。经由看、摸、闻、尝,了解苹果的颜色、形状、味道。之后,可以让孩子把苹果画下来,加深尝试后对知识的记忆。

4. 儿歌记忆法

一般来说,有节奏、能押韵的作品更易于记忆。如果能充分利用孩子的机械记忆能力,让他们从小背一些儿歌和一些容易理解的诗歌,对于开发孩子的智力、扩大孩子的知识面都是大有好处的。很多谜语其实就是帮助幼儿记忆的,如儿歌"麻屋子,红帐子,里面住个白胖子",这首谜语儿歌就能让孩子轻易地记住花生。

5. 归类记忆法

如果把记忆比作知识的仓库,那么只有把知识归类之后,这个仓库才能最大限度地发挥它的储存功能。因此,在教育活动中,爸爸妈妈要教给孩子一些方法,使孩子能把新旧知识联系起来,进行归类,在物体之间建立逻辑关系,以拓宽记忆的广度。例如教孩子识字,可利用汉字的特点,让孩子将汉字进行归类记忆。又如认识各种船,可引导孩子先把它们归类为水上交通工具,然后再引导孩子把它们归类为交通工具。

6. 动作演示法

有些知识利用动作演示,孩子就会准确理解并记忆。如让孩子认识"掰"字,可以演示为手掌心相对合拢,做向两边分开的动作,"看"可以演示为把一只手放在眼前做看的动作。又如古诗《静夜思》中有一句"举头望明月",爸爸妈妈可以用动作演示,让孩子跟着模仿练习,这样孩子就能很容易理解词句中的含义,同时记忆深刻。讲"抓耳挠腮"这个词,可以找来一些猴子着急模样的图片,或者找影片让孩子看一看,接着让孩子模仿猴子着急时抓耳挠腮的动作。孩子理解了词意,就能很容易地记住"抓耳挠腮"这个词。

7. 理解记忆法

由于孩子的经验少,理解力差,所以孩子的记忆方式是机械记忆多于意义记忆。但意义记忆比机械记忆效果好,因此,父母应当更注意对孩子意义记忆的培养。例如,在教孩子背儿歌时,首先应该让孩子了解儿歌的内容,可以把儿歌串起来编成一个故事讲给孩子听;再通过提问和讲解让孩子理解儿歌中的关键词语,把要求孩子记忆的内容同他们自己的知识经验尽量联系起来。这样,孩子就能很快记住这首儿歌了。

为了让孩子理解,要注意比喻的运用。在孩子活动中,无论是教诗歌、讲故事,还是舞蹈动作、体育动作、绘画技巧的示范,都要正确规范,善于运用一些浅显易懂的比喻手法破解难点,给孩子留下难忘的印象。如:画金鱼时,爸爸妈妈可把鱼的尾巴分岔比喻成一片片的柳叶,这样他就能很容易地记住金鱼尾巴的样子,并用简单的线条画出来。

8. 联想记忆法

联想是促进记忆的有效方法之一。智力好的儿童联想往往都很丰富,世界上有许多发明创造都是由联想引发的,如牛顿通过苹果落地这件事联想发现了万有引力定律,瓦特从开水冲击壶盖发明了蒸汽机等。采用联想法能够减少枯燥感,记忆方法也变得简单。

利用联想还有助于孩子进行发散思维,根据父母提问所提供的资讯,不依常规,寻求变化,获得多种答案,具有极大的主动性和创造性。因此父

母可让孩子多进行联想,多用发散思维,创造性地掌握和记忆知识。在教孩子学习知识时,要引导孩子从多个角度考虑同一个问题,寻求多种答案,透过创造记忆知识。

如引导孩子用"天"字组词,孩子可以根据联想组成"天气""白天""星期天"等不同含义的词。又如认识"沉浮",可拿出大小、颜色都相同的气球、皮球各一个,让孩子发挥联想,想出多种区别不同材料的球的办法,让孩子在发散思维中达到记忆的最佳效果。

而且,进行联想记忆,还能使孩子比较出事物的异同来,这也有助于记忆。如认识鸭子,可在认识鸭嘴、鸭脚时,让孩子联想到鸡嘴、鸡脚,并比较鸡嘴和鸭嘴的形状、鸡脚和鸭脚的样子,这样孩子就能牢固记住鸡、鸭各自的特征。

9. 任务记忆法

在日常生活中,给孩子提出各种记忆任务,培养孩子的记忆习惯。比如周末带孩子去动物园之前,让孩子留心动物园中有哪些动物、哪些植物、各种动物长得什么样、是怎么去动物园的等,晚上回家后要求孩子说给爷爷奶奶或其他人听。孩子复述时可以帮他记录下来,使孩子产生一定的成就感。或者在讲故事前,让孩子注意故事中讲了哪些人、他们在干什么、说了什么话等,培养孩子的有意记忆能力。

或者晚上临睡前,告诉孩子妈妈明天要做哪些事、什么时间做等,让孩子帮助妈妈记住,到时及时提醒妈妈。第二天,孩子如能及时提醒,妈妈要给予表扬,激起孩子的兴趣。

还可以让孩子通过"一日回忆"来增强记忆,就是在一天内或几天后让孩子回忆玩了什么? 吃了什么? 跟谁在一起玩? 培养孩子的记忆习惯。比如晚上睡觉前可让孩子回忆今天中午吃了什么? 傍晚和谁在一起玩的,玩了什么? 大一点的孩子可以让他回忆昨天或前天亲身经历的事情。

在孩子进入小学后,可把记忆任务与孩子感兴趣的活动联系起来,以后渐渐给他们提出一定的任务,让孩子有目的地记住一些东西。如认识长方体,让孩子找一找自己周围什么是长方体,见过什么长方体的东西,以此加深对长方体的认识。

父母需要注意的是,给孩子提出的记忆任务要尽量具体,难易适中,当孩子完成任务时要及时给予积极的回应。

10. 重复强化法

重复是记忆的基本方法,对孩子尤其适用。重复可以使大脑中淡漠的印象变得深刻、模糊的印象变得清晰。父母不厌其烦地反复做某些事,不断地让孩子看、听、摸、闻,可以巩固孩子的记忆。况且,孩子往往也喜欢重复,他们能反复要求父母多次重复同一个故事,直到能记熟为止。

比如,想让孩子认识各种颜色,不必特地拿色卡进行教育,只要在日常生活中,见到什么东西告诉孩子这是什么颜色,多说几遍这种颜色,孩子就能记住。以认识红色为例,当看到红色的花时,告诉孩子:"这些红色的花儿好漂亮,这些花是红色的。"当孩子在吃红红的苹果时,告诉他:"你正在吃的是红苹果。"如此,孩子很快就能认识各种颜色。

在采用重复法培养孩子的记忆时,也应该讲究方法。遗忘的规律是短时间内一下子遗忘很多,往后则越来越少,即先快后慢。根据这个原则,在孩子刚学了新的知识之后,要抓住记忆还比较清晰的时候,及时加以巩固,不能等遗忘了再巩固。而且,重复的间隔时间也要由短逐渐拉长,例如培养孩子的复述能力,最好第二次与第一次的时间间隔为一到两天,第三次间隔两到三天,经过多次重复,间隔的时间可以更长些,每次重复的时间可以少一些。这样的重复训练对孩子的记忆效果非常好,又不浪费时间。

当然,重复的次数要适度,以孩子仍有兴趣为准,当孩子对重复厌烦或已经能够记住时就不要再重复了。

11. 情绪记忆法

对孩童时期的记忆大多和当时的情绪体验有关,有时记忆的内容忘了,可当时的情绪效果却一直保留在记忆中。因而可以说,情绪记忆是记忆内容的一个重要部分。积极的情绪记忆常伴有愉快、满足、高兴等情绪体验,而消极的情绪记忆常伴有恐惧、痛苦、急躁等情绪体验。积极的情绪记忆会使人变得乐观、自信、开朗和豁达,而消极的情绪记忆则会给人带来不同程度的消极影响。因此,家长应该注意培养孩子积极的情绪记忆。

那么,如何培养孩子积极的情绪记忆呢?

首先,父母应为孩子着想,努力创造一个良好的家庭环境。因为一个温馨祥和、生活有规律的家庭环境能使孩子产生愉快安全的体验,而规律的生活习惯有助于强化孩子的记忆力。例如孩子睡觉时,把布娃娃放在枕头旁边陪他睡觉。习惯之后,睡觉前孩子会把布娃娃拿到枕头旁边。等孩子会说话了,你可以问他:"让谁陪你睡觉呀?"通过这种方法强化他的语言记忆力。

相反,一个充满压抑和吵闹、缺乏温暖和家庭气氛的家庭,会使孩子变得自卑、孤僻、不合群、怕交往,孩子潜意识里也会逃避记忆。而没有规律的生活习惯,会让孩子无从记忆或阻碍他记忆力的发展。

其次,当孩子对黑暗、灾难、恐怖的音响感到害怕时,父母可以把这些事物与愉快、甜蜜的刺激联系起来,逐渐消除其消极的影响。父母还可以通过故事或影视中人物不怕黑暗、战胜困难的事例教育和鼓励孩子,使其逐渐改变敏感、胆小的性格。

最后是尽量少让孩子接触恐怖邪恶的影视节目和图书,当孩子出现害怕不安时,父母要及时给予爱抚和安慰,排除消极的情绪记忆。可以在这个时候和孩子一起看一些有趣的图画书,或讲述一些孩子平时喜欢听的故事,以此来替代恐怖带给孩子的消极情绪记忆。

12. 分类记忆法

若将必须记忆的内容按一定要求进行分类,那么,记忆就会容易得多。实际上,分类过程是一个理解的过程,本身就已经具有记忆的功能,孩子一边在分类,一边在理解,一边就已经在记忆了。如要记忆下列十种物品:猫、帽子、狗、挂钟、桌子、衣柜、眼镜、鹦鹉、鞋子和戒指,让孩子使用反复背诵的强记方法也可以,但往往要花比较多的时间,并且过不了多久就会忘记。为了便于记忆,我们可以让孩子把上述的十种物品先加以分类,比如:猫、狗、鹦鹉是动物,帽子、眼镜、鞋子、戒指是穿戴在身上的东西,挂钟、桌子、衣柜则是家里的摆设。把这些物品一一加以分类之后,就容易记忆了。

13. 谐音记忆法

这是让孩子利用谐音来帮助记忆的一种方法。许多学习材料很难记忆,从它们之间不易找出有意义的联系,如历史年代、统计数字等。如果对这些学习材料利用谐音加某种外部联系,这样就便于贮存,易于回忆。据说,一次,有位老师上山与山顶寺庙里的和尚对饮,临走时,布置学生背圆周率,要求他们背到小数点后 22 位:3.1415926535897932384626。大多数同学背不出来,十分苦恼。有一个学生把老师上山喝酒的事结合圆周率数字的谐音编了一句顺口溜:"山巅一寺一壶酒,尔乐苦煞吾,把酒吃,酒杀尔,杀不死,乐而乐。"待老师喝酒回来,个个背得滚瓜烂熟。这位聪明的学生就是利用谐音法来帮助记忆的。利用谐音法还可以帮助记忆某些历史年代。不少学生觉得记忆历史年代是件很苦恼的事,不容易记住,而且还容易混淆。但是,要学好历史,又必须记住历史年代,因为没有时间也就无所谓历史。于是,许多考生利用谐音法来帮助记忆历史年代。例如,甲午战争爆发于 1894 年,用它的谐音"一把揪死",就非常容易记住。当然,谐音记忆法只适于帮助我们记忆一些抽象、难记的材料,并不能推而广之,用于记忆所有的材料。

14. 比较记忆法

比较记忆法是指在识记新信息时把这些新的信息与大脑中原有的信息进行比较,或者是把几个要识别的新知识进行比较,从而达到提高记忆效果的目的。这种记忆方法有两个含义:第一是把要识记的信息与大脑中已记忆住的旧的信息进行比较,以达到提高记忆效果的目的。例如,幼儿认识了"大"字后,家长在教幼儿识记"太"字时,就可以指导幼儿把"太"字与"大"字比较,告诉幼儿"太"字比"大"字多一点,通过这样的比较,幼儿不仅能很快记住"太"字,而且不易遗忘。第二是要把新识记的几个材料比较着记忆。

例如,让幼儿识记下列 10 个数字:25 17 36 52 83 94 71 21 60 37,家长要指导幼儿对这些数字进行比较,可以发现有"25"与"52"、"17"与"71",这样幼儿一旦发现这 4 个数字的关系,就能很快记忆住了。又如,带幼儿去动物园时,要让幼儿记忆住动物的样子,家长也可以运用比较记忆方法。如让幼儿比较一下虎与狼的不同,斑马与河马的不同。经过这样的比较后,幼儿的记忆效果明显提高。久而久之,幼儿自己会学会自觉地利用这种方法,这对于他们未来的学校学习是极为有益的。

15. 连锁记忆法

连锁记忆法是指在记忆大量的材料时，可以人为地把这些材料通过某种联系联结起来，从而达到提高记忆效果的目的。记忆规律告诉我们，人类大脑记忆信息是能够采用组块进行记忆的。人类记忆组块比记忆零散的信息效率要高许多。例如："白日依山尽"与"尽日依白山"同是五个字，但前面五个字表达了一个完整的意思，只相当于一个记忆组块，而后面五个字却是五个独立的意思，可以认为是五个记忆组块，因此，记忆前面五个字比记忆后面五个字要容易得多。连锁记忆法就是运用了这个记忆规律。它告诉人们，当需要记忆大量独立的信息时，可以人为地创造一种联系，使许多独立的信息成为一个组块，从而提高记忆效果。例如，幼儿要记忆许多动物的名称，"大象、老鼠、猫、狗、猪、鸡……"家长可以这样指导幼儿运用连锁记忆法。先教幼儿把"大象"与"老鼠"联系起来，如可以这样想象"老鼠钻到大象的长鼻子里了"，再把"老鼠"与"猫"联系起来，如可以这样想象"猫抓住了老鼠"，再想象"狗与猫在打架"，再想象"狗与猪是好朋友"，再想象"鸡站在猪的身上"……这样就把这些内容连锁起来了：只要一提到"大象"就会想到钻到它长鼻子里的老鼠，然后就会想到猫抓住了老鼠……运用连锁记忆方法，最重要的就是把每个信息联系起来。在进行这种联系时，可以让幼儿充分地展开想象，不管想象得是否合理，只要能把两者联系起来就达到了目的。

16. 延时强化记忆法

延时强化记忆法是指对于一些重要的内容尤其是需要长久记忆的内容，家长可以不马上告诉幼儿，而是"点到为止"，以激发幼儿探求的心理需要，从而达到强烈的记忆效果，甚至对一些内容能够保持多年。幼儿有强烈的好奇心，对新奇的事物感兴趣，却不愿意复习，另外，幼儿在识记时常常以无意识记为主，有意识记能力还较差。延时记忆法正是利用幼儿不愿复习旧知识，喜欢新奇事物的特点，把应一次学习的内容"延时"，以达到引导幼儿好奇心、诱发有意识记、最终增强记忆效果的目的。大量的实验证明，在幼儿期有过这种经历的幼儿，对这种"延时"的内容，几年甚至几十年都能保持不忘。

　　许多人认为,记忆力是天生的,是父母给的。其实,记忆力是可以通过训练来提高的。记忆力是可以培养的。据史书记载,我国伟大的史学家司马迁小时候曾经记忆能力不强,念书时,背诵的作业总不能顺利完成。老师检查时,他往往丢三落四。当他认识到自己的缺点之后,加强训练,抓紧一切时间进行背诵练习,经过一段时间刻苦努力,终于成为记忆力较强的人,为他以后成为大学问家创造了条件。

　　总体来讲,培养孩子记忆的上述方法既可以单独使用,也可以结合在一起使用。父母要注重在日常生活中培养孩子的记忆能力,无须进行刻意的记忆训练。在进行早期教育的过程中,不仅要关注孩子记住什么,如何让他记住等,还要着重对孩子进行记忆兴趣、记忆习惯的培养,一起探索出有效的记忆办法,如生活联想法、类比法、重复法等。

心灵悄悄话

　　兴趣不是天生的,而是可以培养、可以改变的,只要我们经常深入生活,参加实践,就能形成强烈而高尚的兴趣。兴趣同目的、意志之间具有相互促进的作用,目的培养、造就人的兴趣,意志把兴趣保持在指向目的的方向上,并维持兴趣的持续稳定性,兴趣又促成人选择、确立一定的目的,高尚的兴趣还可以强化人的意志,三者相互结合,激发着创新思维活动的进行。

第七篇

想象力比知识更重要

想象是智力发展也是创造力发展的一个重要方面。想象被心理学家誉为智慧的翅膀,它可以使孩子冲破狭小的生活领域飞向广阔的认知世界,使孩子超越时间和空间的限制,从游戏中去模拟成人的行为,体验成功的快乐。要使孩子创造力得到完善的、良好的发展,想象力的培养与锻炼是非常重要的。

想象是心灵之花,每个孩子都有自己独特的想象空间。爱因斯坦说:"想象力比知识更重要。因为知识是有限的,而想象力概括着世界上的一切,推动着进步,而且是知识进化的源泉。"

想象力丰富才能创意无限

想象力指在知觉材料的基础上,经过新的配合而创造出新形象的能力。简单地讲,想象力就是动脑筋,在头脑中进行形象思维的能力。人与人之间在想象力上具有很大的差别。很多父母都会惊叹发明家的想象力,实际上,每个孩子都有丰富的想象力;只不过有的被父母注意到了,而更多的却是被忽视、嘲笑了,甚至被斥责了。

人的大脑在幼儿时期开始具有想象力,此时也最容易形成大脑的思维模式,并可永久保持,所以是智力形成的最关键阶段。由此可见想象力的重要性。

对于孩子来讲,由于其本客体尚未完全分化,常赋予无生命的物体生命、感情和意志的形式,呈现特有的"泛灵性"思维方式,从而给孩子们联想、想象提供了充分的自由发展空间。

星期天上午,妈妈正在包饺子,5 岁的小女儿娜娜坐在旁边看着。忽然,娜娜问了一个问题:"妈妈,星星是从哪儿来的?"

妈妈虽然都已经习惯她这些奇怪的问题,但没有急于回答,而是耐心地说:"你想想看呢?"娜娜出神地注视着妈妈揉面的动作。妈妈揉面,揪面团,擀皮,包饺子……

看了不一会儿,娜娜突然说:"妈妈,妈妈,我知道星星是怎么做出来的了,是用做月亮剩下的东西做的。"

妈妈听了先是愣了一下,显然她是没有料到女儿的回答如此有趣,然后特别激动地亲吻了自己的女儿:"宝贝儿,你的想象真奇特哦,太棒了!"

后来,妈妈把这件事告诉了娜娜的爸爸,爸爸听后也非常高兴,拉过女儿来给她讲女娲造人的传说。后来这位小姑娘成了一位著名的作家。

中国的幼教先驱陈鹤琴先生在他的"活教育"原则中指出："凡是儿童自己能够做的,应该让他自己去做;凡是儿童自己能够想的,应该让他自己去想。儿童自己去探索、去发现,自己所求来的知识才是真知识,他自己所发现的世界才是真世界。"

让孩子长一对想象的翅膀

世界像飞机的跑道,而想象力就是机翼,有了想象的翅膀,飞机才能起飞。每个孩子都有自己独特的想象的空间,不同的父母将挖掘不同的宝藏。

想象是心灵之花,对于孩子来讲,充分发挥他们的想象力便是为日后的成功奠定了良好的基础。大多数父母都知道,瓦特发明蒸汽机,牛顿发现万有引力,飞机、飞船的发明都是基于想象。如果没有想象,创造就无从谈起。

一年早春,周娟女士带孩子去少年宫画画,母子俩兴致勃勃地走在林荫道上。她告诉孩子春天来了,让孩子看看春天跟冬天有什么不一样。孩子仰头看看眼前的一棵郁郁葱葱的大树,又看看后面几棵还没长出新叶的小树,问妈妈："为什么春天来了,有的树换上了绿衣,有的却没有呢?"母亲鼓励孩子好好想一想。孩子也许想起今天早上起来找不到衣服穿的情景,于是说："妈妈,我知道了,春天来了,所有的树妈妈和树宝宝都要换上绿色的衣裙的,这个树宝宝起晚了,找不到妈妈为他准备好的绿衣服正在着急呢。"母亲趁机指着前面那棵依然是枯叶满枝的古树问他："那又是谁呀?为什么还没换上绿衣裳呢?"孩子不假思索地说："那是奶奶,她老了,手僵硬了,衣服穿不上了,她正在焦急地喊:谁来帮帮我! 谁来帮帮我!"

作为父母,周娟女士的做法无疑十分可取。父母要善于引导孩子去联想,学会倾听孩子的语言,对孩子的联想表现出极大的兴趣,这是对孩子最好的激励。

请看这样一首诗:《你别问这是为了什么》——

妈妈给我两块蛋糕/我悄悄留下一个/你别问这是为了什么/爸爸给我穿棉衣/我一定不把它弄破/你别问这是为了什么/哥哥给我一盒歌片/我选出最美丽的一页/你别问这是为了什么/晚上,我都把它们放在床头边/让梦儿赶快飞出我的被窝/你别问这是为了什么/我要把蛋糕送给她吃/把棉衣给她去挡风雪/在一块儿唱那最美丽的歌/你想知道她是谁吗/请你去问一问安徒生爷爷——/她就是卖火柴的那位小姐姐

这首诗是由一位叫刘倩倩的湖北儿童创作的,曾获"世界儿童诗歌比赛奖"。之所以能获奖,就在于它体现了这个孩子纯真美好的心灵,体现了她丰富的想象力。

想象力不是生来就有的,需要在生活的点点滴滴中培养。

心灵悄悄话

激情是一种强烈的、暴风骤雨般的、短促的情绪状态,比如狂欢、暴怒等。积极而健康的激情能够激发人身心的巨大潜力,调动体力和脑力,使人产生出创造的冲动,并成为进行创新思维和其他活动的强大动力。

你对自己的想象力知道多少

青少年想象力的特点

想象是人脑对已有表象进行改造形成新形象的心理过程。人们在认识客观世界的过程中,不仅可以感知当前直接作用于感官的事物,或回忆起过去曾经感知的表象,而且,在外界的影响下,还能在头脑中产生那些从来没有直接感知过的,甚至是现实生活中尚未存在的或者是根本不可能存在的形象。人的想象空间可以大到无限。例如,我们没有去过月球,但可以在头脑中产生关于月球表面的具体形象。

对孩子来说,想象比拥有百万家私还重要。凡是年幼时充分发展了想象力的人,当他遭到不幸时也会感到幸福;当他陷于贫困时也会感到快乐。在竞争日益激烈的现在,不善于想象的人必然遭受挫折,也是世界上最不幸的人。

想象力比知识更重要,因为知识是有限的,而想象力概括着无限的世界,推动着进步,并且是知识进化的源泉。严格地说,想象力是科学研究中的实在因素。世界上凡是具有创造性的活动,都是想象的结晶。没有想象,人类就没有预见,就没有发明创造、艺术创作。人们在实际生活中,会不断遇到新问题、产生新的需要,而想象是解决这些问题和需要的必要的条件。总之,一切实践都离不开想象。正如拿破仑所说:"想象支配着整个世界。"

想象力对于任何一个孩子都十分必要。想象力应用到实际中去的多少，也是评价一个人能力高低的一个重要标志。科学家指出，人的大脑分为感受区、储存区、判断区和想象区。大部分人只是较多地动用了前面三个区，想象区的动用率尚不足 15%，还有大量的潜能有待开发。所以，开发、训练孩子的想象力十分重要。

若要培养孩子的想象力，首先应了解孩子想象力的特点。那么，你知道孩子想象力的特点吗？

首先，孩子是无意想象占主导。无意想象，是没有预定目的，是不自觉地产生的随意想象；有意想象则是根据具体内容的要求，希望达到什么目标而进行的自觉产生的想象活动。在 4 岁之前，孩子的想象常常没有什么目的，往往是由外界刺激直接引起，并随外界刺激的变化而变化。例如，幼儿拿到积木即玩积木，究竟要搭什么，根本没有明确的目的，在摆弄的过程中看到它像什么就说是什么。但孩子 4~5 岁时，随着他们语言的发展丰富、经验的积累，想象已具有初步的目的。到 6 岁时，想象力的目的性更明确，更便于进行科学的想象力训练了。

其次，前期主要是再造想象。再造想象是根据别人语言描述或图形示意而形成的想象，再造想象的用处非常大。借再造想象可以丰富自己的知识、经验，也可以依照别人的设计来组织活动。我们教孩子按照游戏规则提示孩子玩游戏就是一种典型的再造想象。再造想象在学习上尤为重要，儿童只有借助再造想象才能获得那些不能直接感知的事物的知识。哈佛的研究表明，一个人的记忆表象越多，积累的具体形象越丰富，其再造想象能力越强。

再次，在孩子再造想象发展的同时，创造想象也在发展。所谓创造想象，就是根据一定的目的、任务，不依赖现成的描述而独立地创造出新形象的过程。创造想象比再造想象更高级、更复杂而且更困难，具有更大的创造性。如果培养得法，孩子的创造想象在五六岁时会非常发达，会科学地描述未来。

复次，想象的内容由零碎逐渐向完整发展。起初，孩子用以想象的形象，基本上是日常生活中他可以感知的小世界，形象比较零碎、不完整、不连贯。到了五六岁时,孩子随着知识经验的积累,能从他受局限的日常生活中突破,展开丰富的想象,想象内容逐渐变得完整和系统,从原型发散出来的想象的数量和种类逐渐增加,能够从不同中找出有规律的相似来。

最后,孩子有时不能把想象的事物跟现实的事物清楚地区分开来,因而会把童话故事当成真,也会把自己臆想的事情、渴望的内容当成真,并以肯定的形式加以叙述。

想象力的培养

教育要顺乎天性,崇尚自然。对于孩子的想象,无论怎样怪异离奇,原则上都要尊重他们自由幻想的权利,这是对孩子创造天性的最大保护。

孩子的想象是丰富而大胆的,他们常常会和小兔子说话,还喜欢问"为什么",这是发展想象力的起点。爸爸妈妈一定要抓住这样的机会,不仅不要对孩子不理不睬(更不能嘲笑),还要给予孩子合理的解释,并且试着反问孩子:"这个你是怎么想的呢?"尤其注意要提孩子感兴趣的问题,引导孩子进行主动想象。孩子的回答可能会充满童趣,这时候你一定要真诚地鼓励他们,不要有任何不予重视的表情或做法,因为那样会打击孩子的积极性,影响他们的自信心。

4岁的形形正在专心地画画,爸爸饶有兴趣地走到她身边,然后对她的画大大赞美一番:"哇,这是谁在和小猴子一起捉迷藏啊?真快乐!""这是我呀。"形形抬起头笑着说。"爸爸也想和你们一起玩呢,怎么办呀?""那我把爸爸也画上去吧。""真的吗?太好了!"爸爸非常高兴地拍着形形的头说。

爸爸这样做的好处显而易见,他保护了形形的好奇心,爱护和重视了形形的想象力,并培养了她进行主动想象的能力。

还有一个故事，也很有借鉴意义。

有一天，俏俏对妈妈说："好久没有看月亮了，想去阳台上看看月亮。"妈妈说很好，过了两分钟，俏俏兴奋地跑过来："妈妈，今天的月亮很漂亮，像一只灯泡！"妈妈忍不住大笑，因为从来不曾有人将月亮比作灯泡。俏俏顿时愣在那里，她感到自己一定说了什么傻话。此时，妈妈马上意识到自己犯了一个错误：为什么年幼的孩子不能有自己的想象？古人比喻月亮像一个明晃晃的铜镜，现在的小孩到哪里去见这样的镜子？

于是，妈妈立即丢下手边的事情，和俏俏一起来到阳台上，是啊，多漂亮的月亮，何必在乎它究竟像什么呢？如果妈妈今天对俏俏说，月亮根本不像灯泡，它是一面镜子，孩子可能从今以后再也不会想象月亮是其他东西了。所以，十几天后的一个晚上，俏俏又去阳台上看月亮，同样兴奋地跑来告诉妈妈说月亮今天像个香蕉。妈妈这次微笑地点点头，说："很好，今天的月亮弯弯的非常像香蕉。"也许，妈妈的心里从来不曾认为月亮与香蕉有何相像，但今天经俏俏这一说，哎，真的像呢！

用文艺形式启动孩子想象思维

文学和艺术不仅是大人们的享受，对培养孩子的兴趣，启动孩子想象的思维，促进孩子想象力的发展也同样具有很重要的作用。

童话故事是孩子们的最爱，那些丰富奇特的想象和大胆奇妙的夸张故事，深深地吸引着他们。勇敢的王子、可恶的巫婆、纯洁的公主……都能引起孩子无限的遐想。对于年龄较小的孩子，要选择合适的读物，帮助他们培养阅读兴趣，启动孩子想象的思维。而稍大一些的孩子，有时在读完某些故事后可能会觉得意犹未尽，这时候爸爸妈妈可以鼓励他大胆地把故事续编下去，这样不仅会让孩子觉得趣味盎然，还促进了孩子想象力的发展。另外，音乐和画画也是培养孩子想象力的有效途径，这两点我们在下一节将会重点介绍。

刺激你的想象力

孩子想象的特点是由"无意想象"到"有意想象",其中主要是"再造想象",也就是想象具有复制性和模仿性。特别是幼儿时期,想象飘忽不定,非常离奇,没有主题,没有预先目的,孩子只是在某种刺激物的影响下,自然而然地想象出某种事物的形象。也就是说,孩子的生活内容越丰富,头脑中各类事物的形象越多,就越有助于想象力发展。

所以,家长要有计划地带孩子外出,参加旅游、参观、聚会等活动,多与大自然亲密接触,多与他人互动,以此来启发孩子认识自然事物和各种动植物。孩子在见多识广的情况下,就会很容易把各种事物的某些特点联系起来进行想象,想象力也能够在这一过程中得到较全面的发展,而这是未来进行创造性想象的基础。

电视正在播放"神六"升天的消息,丁丁好奇地问爸爸:"什么是'神六'啊?""'神六'是宇宙飞船。""哦,那什么是飞船呢? 是不是海里的船飞起来了呢?"爸爸考虑了一会儿说:"这个嘛,爸爸明天带你到科技馆,你自己去看看就知道了,好吗?""太好了!"丁丁开心地跳了起来。

心灵悄悄话

一个有事业心的人,一个想做出一番成绩的领导,首先要热爱自己的工作,热爱一切同自己工作有联系的其他工作及对自己的工作有帮助的人。"三百六十行,行行出状元",其原因就在他们对工作的热爱。对工作、部下没有热情,也就不可能对工作有兴趣,从而不可能有创造性的活动。

不会想象就不懂真幸福

贝鲁泰斯曾说过:"想象是人的肉,若没有想象,人只不过是一堆骸骨。"我们的幸福有一半以上靠的是想象,不会想象的人是不懂得真正的幸福的。

正如斯特娜夫人所说:没有风趣的人干什么都只论事实,排斥想象。他们甚至把圣诞老人和仙女从家里撵走。他们的这种干巴巴的生活态度也传染到对孩子的教育中。他们认为违反事实的传说和不合情理的儿歌等对孩子有害无益,他们更不懂得传说和儿歌能够陶冶孩子的品德。事实上,即使大人的生活,没有想象也是无趣的,何况孩子们。因此,从家里撵走圣诞老人和仙女,就如同撵走伴侣和抛弃玩具一样,对孩子来说是残酷无情的。

哈佛的研究表明,如果一个人在小时候想象力得不到发展,他或她非但不能成为诗人、小说家、雕刻家、画家,也成不了建筑家、科学家、法律学家、数学家。有人认为当数学家和科学家用不着想象,实际上这是不符合事实的。想象对于任何人都是必要的。发明家发明机械,学者发现真理,建筑学家设计建筑物时都离不开想象。**拿破仑曾说过:"想象支配着整个世界。"**这确实是至理名言。拿破仑的话也许源自自己的行动,他在战争中所制定的战略战术及其宏伟规划就都是想象的产物。

靠想象取得举世瞩目成就的例子不胜枚举。富尔敦在发明汽船之前,首先就是通过想象的眼睛看见了在大洋里航行的汽船;莱特兄弟发明飞机之前,也是用想象的眼睛看见了在空中飞翔的飞机;马可尼在发明无线电之前,首先用想象的眼睛看见了远隔千里通信的情景。他们就是这样发明了汽船、飞机、无线电的。拉斐尔能画出美妙的图画,爱迪生能有惊人的发明,都是想象的结果。

有人认为神话等没有任何价值,予以排斥。但是,斯特娜夫人却相反,非常欢迎它们。据她观察,同样是眺望天空的星星,懂得神话的孩子的感触与不懂神话的孩子的感触就完全不一样。由于她对女儿常讲神话等,致使女儿维尼对天文学产生了兴趣。

在培养孩子的想象力和行为习惯方面,神话和儿歌会起到神奇的作用。因此,斯特娜夫人非常重视利用它们来教育小维尼。她在书中有如下的记录:我的家中不排斥仙女,我经常给女儿讲传说和儿歌,使她知道大自然是仙女居住的可爱世界。因此,她从小就爱大自然。同时,她还从传说和儿歌中学到了许多优秀的道德和品质,如正直、亲切、勇敢、克己等。

由于孩子们缺乏社会生活经验,不懂得善为什么是善、恶为什么是恶。为了让他们分清善恶,最好的方法就是给他们讲述传说和儿歌。斯特娜夫人还用这种方法矫正女儿的不良行为,巩固和发展她的一些好的方面。

为了发展维尼的想象力,斯特娜夫人不仅向女儿讲述已有的传说和童话,而且让她看有趣的画儿,讲述自编的故事,进而让她自己讲述自编的故事,并鼓励她把故事写成文章。为了发展孩子的想象力,最有效的方法是自己表演儿歌和传说的内容。

表演需要背景,但是没有背景也可以,这正是发展孩子想象力的机会。儿童剧场的创始人阿里斯·朋尼赫茨女士这样认为:儿童剧场的背景和扮装若过于逼真,孩子们就没有想象的余地了,这样反而不能促进他们想象力的发展。

帮助他幻想

花儿会跳舞,星星是月亮的孩子,蜜蜂会歌唱,彩虹是一座桥……这些都是小孩子才有的美丽幻想。孩子在幻想中创造了自己的天空,幻想的天空有很多闪亮的星星,照亮着孩子成长的道路。幻想是想象的基础,善于

幻想的孩子长大后往往会拥有较丰富的想象力,作为父母,必须呵护孩子想象的基础,给孩子一颗幻想的心。

幻想不仅对孩子的想象力发展非常重要,对于孩子的成长也是必不可少的。在幻想世界中,孩子可经由扮演各种各样的角色,来体验喜怒哀乐以及遗憾、妒忌、惊恐等种种在现实生活中难以体验到的情感。在孩子幻想世界中,主要人物大多是双亲、爷爷奶奶和最要好的小朋友,当然更少不了孩子自己。而正是在一幕接一幕的"激情演出"中,亲情和友情在下意识中获得了体验和丰富。

幻想有助于让孩子保持心理平衡。随着孩子理解能力的提高,到4岁的时候,孩子就已经能够了解世上有不少事情也是自己无能为力的,有不少东西是自己永远无法拥有的。面对这些消极感觉,幻想世界是绝佳的、帮助他们躲避的港湾和发泄情绪的出气口,由此心理便可获取新的平衡。

而且,幻想也是孩子提高分析和解决问题能力的大课堂。要知道,正因为孩子的幻想世界可能无所不包,他们才可能遇到比现实生活更为丰富多彩的问题或难题,而经由对假设问题或难题的解决,他们分析和解决问题的能力也可获得提高。

孩子的天空因有这幻想的光芒而变得越来越清晰明亮,所以父母要给孩子一颗幻想的心,让他们在自由的天空中飞翔。但是在让孩子拥有幻想心灵的同时,还要了解孩子幻想的特点,才能让孩子既飞得高,也飞得安全。

首先来讲,幻想一般出现在2~4岁,也就是孩子的幼儿期。这是孩子成长过程中的一种自然表现,对孩子的人格成长起着积极的作用。而在孩子5岁之后,单纯幻想便很少光顾孩子的精神世界,取而代之的往往是更为理性的想象。

所以面对幼儿期的孩子,爸爸妈妈需要理智地鼓励孩子张开幻想的翅膀,让他们像小天使一样自由地飞翔。

其次,孩子的幻想具体形象非常直观,幻想的创造性成分还保留在具体形象的水准上,不能在词语的水准上进行创造性想象。比如6岁的乐乐拿到一个圆形识别证,就往胸前一贴,边奔跑边高兴地说"我去做医生,我去看病人了",并给布娃娃打针;不一会儿又说"我要做司机,我要去开车",而在洗手时,他又把肥皂盒当小船。这都是幼儿期孩子幻想的最初表现。

再次,幼儿期孩子的幻想与童年期孩子的想象是有区别的,他们的幻想不够稳定,容易变化。幼儿期孩子思想不够稳定,容易变换幻想的主题。例如,孩子在游戏中总是不停地换角色,一会儿当老师,一会儿当新郎,一会儿做爸爸,一会儿做妈妈,看见别人玩什么都要跟着玩什么,这是因为孩子幻想的主题往往是由外界刺激直接引起的。

最后,幼儿期孩子的幻想只满足于幻想过程的本身,因而缺乏计划性和目的性,如孩子对机器猫的故事百听不厌,有时他已能和爸爸妈妈一块儿讲出故事的主要情节,但他还是要求听这个故事。这是因为孩子在听故事时,头脑里会呈现出生动的影像,使孩子感到满足。

当然,了解了孩子时期幻想的特点,还需要有大人的积极参与才能使孩子幻想的天空更加广阔。因为孩子只有在越来越丰富的活动中,才能一方面不断储备大量的生活经验,另一方面在社会交往中经常运用幻想,使幻想的发展逐渐趋向完善。而丰富的生活经验和社会交往则需要爸爸妈妈来营造。

美术活动与想象力的培养

美术活动是一种非常典型的艺术才能的体现,它是由精细的观察能力、形象的思维能力、高效的记忆力、创造想象力、对亮度色彩和线条的敏感性、手的协调运动和丰富的表达能力组合而成。美术活动能促进孩子观察力、记忆力、想象力的发展,这些能力的培养能直接开发儿童的创造能力。

在日常生活中,孩子主要利用开发的是脑的左半球,如画什么、怎么画以及对手部运动的控制,这些会促进左脑的智力开发。而美术活动中的认识颜色、形状、空间位置等,会促进平时不常利用的右脑的智力开发。所以

作为同时开发大脑两半球的活动，美术活动是一种很好的培养全脑思维的手段，而创造过程中需要打破很多原有的限制和定势，尤其是灵感，是需要大脑两半球同时发挥作用的。

将美术活动引入孩子的创作空间，有利于让孩子展开想象的翅膀。因为美术活动中永远有新的课题、新的内容、新的方法，永远需要不断去尝试、去感受、去寻求自己的观念和与众不同的表现方法，这是其他学科（如体育、英语或书法等）的训练所无法比拟的。孩子在了解了一定技法以后，就能很快地进行独立的自由创作，不受任何时间、空间、内容或是固定规则的限制，儿童画最大的魅力就在于无拘无束，想象力丰富。其实艺术领域最重要的本领，就是想象，从某种意义上来讲，儿童最具艺术价值。

尽管孩子在学龄初期进行的美术活动，如绘画之类往往是用颜色、线条表达感觉的游戏，没有什么艺术价值，但由于活动中的工具和手段相对简单、初级，主题也不一定很明确，孩子有很大的创造自由，更能反映他的创造力发展水平而非绘画水平。所以，国外经常用绘画作为评估孩子创造力的一种手段，不过此时，考察的指标是孩子表现的想象力，而线条和色彩的运用相对次要。

那么，利用美术活动来培养孩子的想象力有几个方面需要注意：

1. 了解孩子美术活动的特点和价值

孩子的美术活动带有强烈的情感色彩，是孩子表达自己情绪情感的一种手段。快乐的孩子表现出来的色彩普遍比不快乐的孩子丰富，感情丰富的孩子画中的人物表情也必然很丰富。在美术活动中可以提高孩子对自己、对周围事物的感性认识，从而有超越技巧的绘画表现。

但是，美术活动也不是简单的"教孩子画画"，让孩子由不会画到会画、由画不像到画得像。如果那样的话，培养出的大都是一些技能型、模仿型、重复型的"小大人"，一味地模仿成人的画或生搬硬套，就会缺乏创造性，遮掩想象力，孩子画得很累，美术活动只是照抄，让孩子丧失了童趣和欢乐。

心理学研究表明，幼儿往往是通过看、听、摸、嗅等一些感觉器官来了解事物、了解世界的。黑格尔在他的《美学》中指出："最杰出的艺术本身就是想象。"所以在美术活动中充分发挥孩子的想象力及培养思维能力，提高

艺术修养是最重要的。

在美术活动中，最主要是启发孩子的想象意识。想象是主观灵性的东西，想象的空间具有无限性，想象可以打破现实物象中的真实限制，绝不是现实的机械翻版，也不受科学定律、自然知识、传统观念、道德习惯、规则制度等的限制，因此爸爸妈妈不能以画得"像"或"不像"来评价孩子的作品。孩子的画中想象成分的多少很大程度上取决于爸爸妈妈或者老师的评价，如果只以像不像为评比标准，可能下次孩子们的画就都会朝"像"靠近，而丧失了想象力。

很多父母会送孩子去参加绘画兴趣班，不少家长很关注孩子学会画什么了，所以有些孩子会一个星期反复画一个小鸡，或者一只兔子；其实孩子的绘画是用颜色、线条、形状表达他对世界的理解，是寻找独特的视觉语言描绘内心世界的创造过程，所以不可能千人一面，不必强求自己孩子的画和杂志、书本上的一样，也不要用成人对世界的理解来约束孩子，发掘孩子自己的绘画语言就是培养、解读创造力的过程。

因此，如果是教孩子画画，重要的是让他们充分体会绘画的乐趣。在画的时候应避免过于写实，重在提醒孩子如何用线条、颜色把自己的心情表现出来。画得像不像不重要，主要是在绘画过程中让孩子找到表现自己的视觉符号系统，慢慢地孩子就有可能拥有自己认识世界的独特视角（如把太阳画成紫色的）。对他们作品的评价应当根据平常孩子对父母说的内心想法来加以评价。父母可以把孩子的绘画作品，按时间顺序保存、展示起来，从中可以看出孩子内心世界的活动过程，并以此作为教育的立脚点。

2. 用提问的方式来帮助想象力的发展

在美术活动中，父母可以尝试提出疑问以使孩子改变思路，以避免形成一种僵化、固定不变的思维模式。经由大人的提问，孩子展开了丰富的想象，并画出了夸张、与众不同的物象。父母于此作出肯定表示，孩子就一定会更加夸张，想象也会随之扩张。所以在绘画活动中父母应多提问、多肯定孩子，引导他们将现实的物象任意夸张、错位、变形、组合、打乱、改动，从而启发孩子的想象意识。

例如，当孩子年龄较大一些后可以提出疑问"太阳都是黄色的吗？"让

孩子知道太阳光有七种颜色,用不同的墨镜就可以看到不同颜色的太阳。当孩子了解、尝试的时候,若及时地加以肯定,就会发现孩子选用了不同的颜色画出了不同的太阳。

如果父母提出"太阳一直是圆圆的吗"的疑问后,孩子就会对太阳的外形进行装饰:梯形脸、三角脸、圆脸、长脸、花形脸、长头发、短头发、卷发。孩子的想象潜力是巨大的,他们天真的童趣、独特的想法往往给人新的启迪。

3.通过欣赏其他画作来激发想象力

欣赏画作也是激发孩子想象力的另一途径。如今快速发展的社会充满了机遇,现代化的城市有着各种各样的活动,最常见的就是美术展览,可以利用机会带领孩子前往参观,让孩子到艺术的海洋里寻找、发现,帮助他们开阔眼界、丰富知识、激发想象。

欣赏、观摩大师的作品也是幼儿绘画的常用形式,米罗、毕加索、莫奈等大师的作品应该常出现在孩子的视野中,让孩子在潜移默化中培养审美能力。

另外,由于孩子的绘画作品是充满个性的,其中有许多值得相互学习观摩的部分,因此父母有目的地引导孩子向同伴学习也是十分重要的。因此,父母可以及时地介绍孩子有创意的表现,引导孩子在学习的基础上想象创造。在孩子完成作品后,可引导观赏同龄孩子的作品,在别人的作品中寻找、发现优点。

4.注意通过画画了解孩子的心理

绘画的进展代表孩子心理的发展,父母通过画画来了解和掌握孩子心理发展对于教育孩子也是非常重要的。

由于孩子对世界的认识是逐步扩大深入的,这会在他的画中有所体现,如一开始,孩子的画中只有一样东西,后来会越来越多,除了人物、花鸟,还有其他什么;画中的人也会从一个到两个到手拉手的几个人。因为心情的变化,同样一件事在不同的时间、场合会有不同的表现方式。

如果孩子老是画同样的画,这说明他的内心世界处于停滞状态,或者是因为某种原因使他的表现受到了抑制,或者反映出他内心某种需关注但被忽略的东西,如孩子会重复画一个怪兽,可能就是他每天噩梦中的恶魔。这时家长要试图弄懂孩子一再重复的原因,解决孩子内心的冲突,或者不要再让他绘画,而改让他做些其他冒险性游戏或换个环境,增加孩子生活的活力,开阔孩子的内心世界。

心灵悄悄话

人格是创造性不可缺少的构成要素。在创造活动中,人格特征虽然不像认知因素那样对创造起直接的决定作用,但它为创造性的发挥提供了心理状态或背景,并通过引发、促进、调节和监控功能来发挥其作用。在创造性的人格要素中,最重要的莫过于智力、好奇、冒险和自信。

融入自然发挥想象力

大自然不仅是孩子最好的老师,也是孩子最喜欢、最乐于研究的一本书,它能给孩子无穷无尽的知识,能启发孩子提出各种各样新鲜的问题,能丰富孩子的想象空间,充分发展孩子的想象力。

教育家伽德纳说,观察大自然也是智慧的一种。在大自然中,孩子们除了能开心、主动地学到常识外,还能学习如何爱护大自然。孩子可以通过观赏植物或动物及探索天文地理来获得知识。孩子们可以看、嗅、触摸、把玩、探索不同的物件,不知不觉地学会观察、比较、分类。在与草、木、蝴蝶、蚂蚁等生物共处中,可以培养他们的爱心及尊重生命的观念,这是培养孩子健全性格的重要元素之一。

大自然的花草树木、山水虫鱼无不蕴含着美的因素,这对于丰富孩子的想象力是不可替代的素材。父母应该经常领着孩子多接触大自然,通过引导孩子从观赏个别的、具体的自然物开始,再扩大视野,观赏周围的自然景物。

父母还可以引导孩子从四季的变化中感受大自然丰富的变化:春天草长莺飞,桃红柳绿;夏天荷花飘香,蛙鸣蝉叫;秋天处处丰收,气候凉爽;冬天动物冬眠,河水成冰。引导孩子倾听自然界的各种声音,观察各种色彩,让孩子从中体验大自然千姿百态和千变万化的美,让孩子在想象的空间里任意驰骋。

另外,通过对大自然的观察,可以开发孩子的智力。一般可以边观察边讲述,以故事的形式使孩子在不知不觉中学到知识。孩子对自然界中的事物有着强烈的兴趣,什么都想知道,又很好问。如树的底下有什么? 蜜蜂用什么采花蜜? 桃子和李子是亲戚吗? 如果父母能把这些知识讲得娓娓动听,将使孩子的兴趣高涨,不断地积累知识,想象力就会越来越丰富,观察力也越来越强,思路更开阔。

我国的幼教先驱陈鹤琴先生主张让孩子"多到大自然中去直接学习,获取直接的体验",认为"大自然、大社会是我们的活教材",让大自然启发孩子的想象力。对于父母来讲,应常常带孩子到户外看看美丽的花朵、摸摸大树、观察小动物等,这样孩子的兴趣一下子就会被启动,想象也就随之迸发。

在大自然中,孩子们会主动探索知识,积极参与活动,可见大自然不仅增添了孩子们的知识和经验,也促进了他们智慧的发展,丰富了孩子们的整个精神世界。例如以"森林"为题的时候,就可以让孩子到户外观察各种各样的树木,然后请孩子自由地讲述他们看到了什么样的树,树叶、树枝、树干分别是怎样的,通过孩子的回忆再现观察的物体。

父母可以鼓励孩子们按自己的想象创造出一幅关于森林的作品,结果会发现,孩子们画出了千奇百怪的树木,可能有人会说:"怎么会有这样的树木?"但那又怎样? 有一句话说得好:想象力没有对和错! 在这种基础上,爸爸妈妈可以再请孩子在自己画的这片树林里进行添画,孩子们会更加兴致勃勃。

除此之外,父母还可以利用图片、电视、电脑等各种各样的媒体对孩子的观察进行总结归纳,并与几何图形、夸张变形等相联系,使孩子了解到树木之间的差异,但彼此又有着共同的规律。

玩沙玩水也是孩子在接触大自然的过程中培养想象力的重要途径。沙和水是柔性的自然物,亲近这些自然物,对孩子的身心只有好处没有伤害。孩子玩沙玩水的时候往往非常开心,可见有愉悦身心的作用。而且,孩子玩沙玩水的时候总是不停地活动,动手做这做那,既能活动身体,又能发展动手能力。孩子玩沙玩水的时候总是变花样,还能玩出情节、玩出道理来,这就是在体验,在动脑,在创造,由此感知了物品的性质,获得不少物理的感性知识,特别可贵的是得以充分发挥创造性。

沙和水有一个共同的特点,就是它们都没有固定的形状,可以根据孩子的意愿,变幻莫测地玩。水可以静静地流过,也可以拍打着溅起水花,用

手指画圆圈，会出现一个个小漩涡，掬起水可以从指缝间看到水漏出来，水灌进小瓶子里，能再倒出来。把玩具扔进澡盆，如塑胶小帆船、鲸鱼、海龟等，顷刻间，洗澡盆变成了"大海洋"。小纸船为什么能漂在水面？什么东西这么重，一下子直冲"海底"？思考、探究、琢磨、联想层出不穷。同样地，在沙堆上能建水库、挖洞、筑堤坝，孩子们成了小建筑师。孩子们在沙和水中，千变万化地玩个不停，感受到了无穷欢乐，并大大地发展了想象力和创造力。

但是，许多爸爸妈妈总是在孩子玩水玩沙的身后指责、阻挠，无非是怕弄脏衣服和手、脸，担心孩子摔着。因此，父母可以要求孩子有节制、有选择地玩，时间上不要影响孩子吃饭和睡眠，衣服上可以给孩子准备一套旧衣裤作为"玩耍服"，在玩的时候给他穿上。衣服的领口要扣住，袖口用松紧带扎紧，这样沙子就不会弄进里层的衣服了。场地也应加以选择，玩水的澡盆放在浴室或院子里，以便玩后容易整理。玩沙的沙盘可放在阳台、户外，不至于弄脏屋子。

自然界的景色千姿百态，斑驳陆离，纷繁变换，美不胜收。大自然是孩子的最好课堂，欣赏大自然的景物为孩子开启了想象的大门，发现了美并创造了美。

尽管大自然像法国著名艺术家罗丹所说的"总是美的"，但我们国家的许多家长却并没有给孩子创造多少接触大自然的机会，许多中国孩子被看成是在"鸽笼"里成长的一代。他们虽不愁吃穿，生活全由大人照顾，但和西方国家孩子相比，他们的生活空间非常狭小，与大自然的接触更少。所以有专家指出，中国孩子患了"大自然综合征"。

曾有一位教自然课的老师不无忧虑地说："如今城市的儿童，整天待在'围城'中，身边陪伴的是爸爸妈妈或老师，玩的是电动玩具，看的是动画卡通，最激动的事就是电玩破关，最不屑一顾的便是天空和大地……"我国的一家媒体报道过这么一件事，上海大自然野生昆虫馆推出会员制，买一张价值人民币一百元的年卡可在一年内不限次数地参观。如果是在欧洲，爸爸妈妈一定会带着孩子排队购票。的确统计资料显示，办年卡的会员中，一半以上是暂居上海的外国小孩。昆虫馆馆长陈先生说："中国孩子来参观，大人会在一旁说，昆虫太脏，不要碰；很丑，不要看。"他说，外国孩子经常来，每次来都带着小纸条做记录，他们用好奇和探索的目光观察各种生物。

中西方的研究皆显示，现在的孩子缺乏想象力和创造力，动手能力差，这与他们远离大自然、远离绿色不无关系。研究也显示出，亲近大自然的孩子，情绪较稳定，遇到压力也容易缓解。所以，为了孩子的未来，为了孩子能够健康全面地成长，请多领孩子接触大自然。

插上幻想的翅膀

想象是人们的天性，也是有助于学习的非常重要的心理品质。培养孩子的想象力非常重要。孩子们所喜爱的卡通片、童话故事等都是借助想象才编绘出来的，作文写得好、图画画得好的孩子，往往都具有丰富的想象力。爱因斯坦说："想象比知识更重要，因为知识是有限的，而想象力概括着世界上的一切。"亚里士多德指出："想象力是发现、发明等一切创造活动的源泉。"想象力是创造性思维能力的基础。

1968 年，美国内华达州一位叫伊迪丝的 3 岁小女孩告诉妈妈：她认识礼品盒上的字母"O"。这位妈妈非常吃惊，问她怎么认识的。伊迪丝说："藏拉小姐教的。"

这位母亲表扬了女儿之后，一纸诉状把藏拉小姐所在的劳拉三世幼儿园告上了法庭，理由是该幼儿园剥夺了伊迪丝的想象力，因为她的女儿在认识"O"之前，能把"O"说成苹果、太阳、足球、鸟蛋之类的东西。然而自从她识读了 26 个字母，她便失去了这种能力。她要求该幼儿园赔偿伊迪丝精神伤残费 1000 万美元。

3 个月后,法院审判的结果出人意料:劳拉三世幼儿园败诉。因为陪审团的 23 名成员被这位母亲在辩护时讲的一个故事感动了。

她说:我曾到东方某个国家旅行,在一家公园里曾见过这么两只天鹅,一只被剪去了左边的翅膀,一只完好无损。剪去翅膀的被收养在较大的一片水塘里,完好的一只被放养在一片较小的水塘里。管理人员说,这样能防止它们逃跑。剪去一只翅膀的无法保持身体的平衡,飞起来就会掉下来;在小水塘里的,虽然没有被剪去翅膀,但起飞时会因没有必要的滑翔距离而老实地待在水里。今天我感到伊迪丝变成了劳拉三世幼儿园的一只天鹅。他们剪掉了伊迪丝的一只翅膀,一只幻想的翅膀:他们早早地把她投进了那片小水塘,那片只有 ABC 的小水塘。

这段辩护后来成了内华达州修改《公民教育保护法》的依据,现在美国《公民权法》规定,幼儿在学校应有两项权利:(1)玩的权利;(2)问为什么的权利。

这个材料深刻反映了发达国家家庭和社会对保护孩子想象力的重视。呵护孩子宝贵的想象力,培养孩子的创造性思维能力,是新世纪对教育工作者提出的重要课题,而这项艰巨的任务,也是做父母的必须从小就教给孩子的。那么,父母如何培养孩子的想象力呢?

1. 有意识训练孩子的想象能力

想象是创造之母,没有想象能力就没有创新能力。在日常生活中,家长要有意识地训练孩子的想象能力,训练方法一般有:(1)多给孩子提供一些富有幻想色彩的书籍,比如:童话、科幻作品、神话、寓言等;(2)许多家长平时都给孩子讲故事,不妨在讲到一半时,戛然而止,让孩子根据前面的情节续接故事;(3)看文字画画,可提供一些文字(或口语),让孩子把文字的内容用图画的形式画出来;(4)进行概念的联结训练,经常出一些毫不相干的概念,要让孩子通过相关的中间环节把两个不相干的概念联系起来,比如:"石头"与"电脑"这两个概念不相干,但通过"玻璃"与"屏幕",就构成了相关的概念链:石头——玻璃——屏幕——电脑;(5)鼓励孩子直接编制故事,孩子平时都爱听故事,听到一定数量后,可让孩子自己来编故事。

2. 积极鼓励幼儿探索

幼儿的探索活动实际上也是一种创新活动,在探索过程中运用多种感官。如倾听、观察、触摸、摆弄等获取科学经验。探索过程中产生惊疑,来发现问题,解决问题的同时,又会产生新问题,这些问题又将激励着幼儿去研究新的发现。如:当幼儿接触、探索观察石头时,他们通过与石头直接接触感知和摆弄,从而发现石头有大有小,有的光滑,有的粗糙,获取了有关石头的直接经验,表现了一种探索精神,包含了思维的闪光点,智慧的火花孕育着创新。如果我们问孩子天上的云像什么,得到的将是千奇百怪的答案,有的说像百花齐放,有的说像万马奔腾,有的说像龙腾虎跃……在他们的画笔下涌现出了许多意想不到的画面,有鳄鱼,有海马,有狼犬,有雄鹰等,他们画得是那样的栩栩如生。通过动手操作展示了他们创新的才能,这种天马行空的想象培养了他们的创新意识。

3. 重视和支持孩子的游戏

鲁迅说:"游戏是最正当的行为。"高尔基也说:"游戏是儿童认识世界的途径。"许多发明创造就是在游戏中产生的。

比如,美国飞机发明家莱特兄弟在《我是怎样发明飞机的》一书中耐人寻味地回忆了他们从儿童时代玩弄橡皮筋弹出的玩具开始,引发创造飞机的想象。

一个男孩儿学习成绩并不理想,但他做了一个实验:解剖青蛙。把青蛙的心脏拿出来观察,然后写了一篇《青蛙的心脏离开身体还能跳动吗?》小论文,受到科学家的好评。游戏是孩子的主要活动,每个孩子都喜欢游戏,在游戏中孩子的想象力能够得到很大的发展。

我们常常可以看到女孩抱着娃娃、男孩坐在小木凳上做游戏,这是他们想象最活跃的时候,这时,他们完全忘记了自己,而完全沉浸在妈妈、司机的角色中。他们抱着布娃娃,会想象自己是医生,在给孩子细心地治病;他们拿起一根竹竿,放在胯下,就想象骑上了骏马;他们把几只小凳子排列起来,就把它想象成一列远道而来的火车。因此,孩子游戏玩得越好,想象力的发展也越好,父母应重视和支持孩子做游戏。孩子整天玩玩具,他不觉得寂寞,为什么? 因为他不觉得玩具是没有生命的,他认为玩具是他的

朋友,它和他一样,会饿、会渴、会哭、会笑。

4. 大量观察

人的想象总是以自己头脑中的形象为基础的。头脑里的形象是哪来的?是通过广泛接触事物而产生了丰富、开阔而深刻的想象。反之,孤陋寡闻,头脑中形象单调且少,想象自然狭窄、肤浅。因此,父母要从孩子幼小的时候起,尽可能地多让孩子感知客观事物,并引导孩子全面、仔细而且深刻地观察,以便孩子头脑中积累大量的真实的事物形象。因为表象是想象的基础材料,所以,谁头脑中的表象积累得多,谁就有更多的进行想象的资源。在日常生活中,要启发孩子多观察、多记忆形象具体的东西。去博物馆参观,到郊区游览,参观各种公益活动,走亲访友等,都可以记住许许多多的表象。为了记得多,记得准,记得牢,可以请孩子用语言描述,或者家长与孩子相互描述。还可以通过写日记,把头脑中的表象再现出来。文学作品、电影、电视,形象化的东西特别多,让孩子有意识地留心各种各样的人物形象和景物形象,这有利于增加表象的积累。

5. 多听故事益处多

多听故事,就是通过语言的描述使孩子在头脑中进行再造想象。因此,父母要让孩子经常听广播中的评书连播、电影录音剪辑、相声等节目,还要抽空多给孩子讲故事。同时,还要启发孩子自己多讲故事。开始可以复述故事,渐渐自编故事,这对发展孩子的创造想象是有益的。孩子的幻想就是人类的梦想。幻想是创作和发明的开始。反应迟钝的孩子幻想世界很窄。孩子的幻想,需要父母的刺激和鼓励。为什么觉得有些大人单调、乏味?很简单,他的童年生活的幻想世界太窄——他因为少听少读童话故事,而限制了他的想象世界,长大成人后,自然显得较少创意,让人感到他单调而乏味。显而易见,多读童话故事,可丰富孩子的幻想世界,增强孩子的想象能力。

6. 鼓励孩子自己编故事、讲故事

孩子在小时候,喜欢编故事、讲故事,有时讲给小朋友听,有时讲给爸爸妈妈听,有时还自言自语。家长应该看到这既是锻炼表达能力的好机会,也是发展想象力的好机会。要积极鼓励孩子,不要冷言冷语,更不能随

便阻止。家长可以引导孩子按照某个主题去编去讲,适时地给予赞扬,指出不足。孩子读童话故事,或者听大人讲童话故事,他很快融入故事的情节中。故事里的人就是他自己,或者是他的好朋友。童话故事对孩子来说,不是幻想,是真实的故事。幻想是孩子的世界。孩子的幻想不是逃避现实。孩子从幻想游戏中,学习语言,认识环境,学习做人做事。幻想对孩子的成长有重要的意义。好的故事,让孩子用笔记录下来,不断修改。天长日久,孩子的想象能力会越来越强。

7. 大量阅读

如果孩子能够自己看书,这对他想象能力的发展就有利了。因为靠听别人讲故事,总归有局限,如果自己通过视觉来阅读,就可以经常主动地进行再造想象。所以,只要孩子达到一定的识字量,就要及早指导孩子阅读,而且要多给孩子买些书,为孩子大量阅读提供条件。

8. 学会绘画和写话

从小教孩子画画,有助于发展他的观察力,也有利于想象能力的培养。因为无论画什么,总是先想象而后才画出来的,即使是三四岁的孩子,有时画个东西看着像啥就像啥,但这培养了他的想象能力。至于认识了一定数量的字之后进行写话,也是培养孩子想象能力的好办法。因为要通过文字写清楚一件事,没有反复认真的想象是不可能的。绘画或听音乐、弹奏乐器是孩子眼脑手密切配合、多种心智机能同时参加的智力活动,它可激发孩子的观察力、记忆力和想象力。比如,在绘画中,他们把自然界的星空浮云、花草树木、飞禽走兽等,都想象成和人一样富有喜怒哀乐的情感。他们的想象是丰富、奇特而大胆的。

9. 指导孩子扩大语言文字的积累

想象以形象形式为主,但离不开语言材料,特别是需要用口头语言或书面语言将想象的内容表述出来时,语言材料起重要作用。因此,要让孩子扩大语言文字积累。比如,背诵的课文要记牢,要有一个文学名句、名段摘记本,随时把阅读中遇到的名句、名段摘抄下来,而且利用休闲时间翻阅。这样在想象时,可以拓宽想象的天地,增加想象的细密程度和丰富程度,从而促进想象力的发展。

想象是在外界现实刺激的影响下，在头脑中对记忆的表象进行加工改造，从而形成和创造新形象的心理过程。比如说，我们读古诗《敕勒歌》："敕勒川，阴山下。天似穹庐，笼盖四野。天苍苍，野茫茫，风吹草低见牛羊。"在我们脑子里就会出现一幅非常壮美的图画，而且每个人脑子里的图画都各不相同。这就是每个人想象的结果。每个人在想象的时候，都借助原来脑子里的表象进行加工和创造。

在人的智力活动中，想象占有十分重要的地位。俄国教育家乌申斯基说："强烈的活跃的想象是伟大智慧不可缺少的属性。"想象力，还直接关系着一个孩子创造力的发展。现实生活中的许多发明创造，都是从想象开始的。总之，为了发展孩子的智力，必须重视想象力的培养，当孩子的头脑插上想象的翅膀时，他会飞翔得更高更远。

心灵悄悄话

好奇是创造的萌芽，它在创造活动中具有触发催化的作用。许多创造发明、科学发现就是从那些不起眼、有时为平常人不屑一顾的好奇心开始。好奇心一方面可以促使个体去探索未知世界，寻求潜藏于其中的原理与定律；另一方面，当个体在认识中遇到困难时，强烈的好奇心还可以促使个体克服困难，坚持到底。

是什么束缚了你的头脑

　　自然先于人类而存在,人类本身不仅是自然界的组成部分,而且是自然界进化的客观产物。当具有自我意识思维与主观能动性的人类诞生之后,人类就一刻也没有停止过对自然界以及整个宇宙进行认识、利用,以造福自身。所以,社会发展至今,与人们不断地去探索、去思考、去质疑密切相关。

　　如果没有牛顿对苹果落地的质疑,也不会发现万有引力,如果没有哥伦布对太阳系的质疑,也就没有日心说。作为青少年,应该学习科学家这些思考、探索的精神,不要让某些东西束缚了自己的头脑。如果还沉迷于网游、沉迷于封建迷信,注定要驻足不前了。

　　我国发明家冯如,12 岁到美国,先在旧金山做杂役,后到纽约一家机械厂工作。一股强烈的进取心驱使着他如饥似渴地自学中学数、理、化,并钻研有关力学、电学、光学等理论知识。苦学了 10 年。在 20 岁出头时,他就设计制造出打桩机、抽水机等机械。还是由于进取心,促使他勇敢地进行了让人飞上天空的大胆尝试。1906 年他开始研制飞机;1910 年在美国旧金山举行的国际飞行比赛中,冯如驾驶着自己设计制造的飞机以最佳成绩获比赛第一名,为中华民族争得了荣誉。

　　要获得成功,必须克服安于现状、得过且过、墨守成规、抱残守缺的处世观念。安于现状者,一种是对现状感到心满意足,压根儿没想到要去改变它;另一种是对旧状况已感到某种不满足,对所见景况感到不理想,对所处境遇觉得不称心,对所用物品感到不顺手、不便当,但他不想去改变一

切，反而认为这都是既成事实，何必煞费苦心、消耗精力去折腾一番，不如循规蹈矩，得过且过，于是乎心安理得了。

这两种情况都是我们常说的"不思进取"，这是思想上的一种保守倾向。这种保守思想是发明创造的严重障碍。因此，要增强青少年的进取心，必须克服这些束缚自己思想的东西。

古往今来的一切发明家之所以能在各个不同的技术领域中独占鳌头，无不因为他们敢于突破传统的惯性思维。"欲穷千里目，更上一层楼。"一切有志于做出发明创造的青少年，从小就应该注重培养自身最基本的素质，别用传统的观念与经验束缚了自己。

西方一家著名软件公司在华机构招聘员工，在上海交大设点时，有800多人应聘，最后只取一人；在西安交大，2000多人报名，也只录用一人。参与招聘的工程师说：现在的大学生太相像了，缺少个性。这一说法耐人寻味。

我们的孩子从幼儿园开始就注重考级拿证书，比的是在标准化的考试中，谁的级别高，而跨国公司注重的，是你有没有与众不同的东西。

在一次国际艺术展中，中外学生作品的差异令人吃惊。中国的学生，作品规格、样式都很相像，统一的A4纸，统一用蜡笔画，想象的内容也雷同，大都是太空上有人居住之类。而外国学生的作品，内容、形式、规格却是五花八门，比如几堆废旧的报纸，被改造成了一棵年轮明晰的大树，极具表现力地展示了人与自然的关系，让人耳目一新。

有人用"塔"比喻："塔尖"是获奖科学家，"塔身"是科研工作者群体，而全体国民，特别是青少年，则是"塔座"。

只有解除这些传统的，千篇一律地束缚在青少年培养中的枷锁，他们的创新能力才能不断提高，"塔座"才会更扎实，"塔身"才能更优秀，"塔尖"才将光芒四射。

因此，解除思想的束缚，不要做事总是瞻前顾后，让一些主观的东西束缚了自己思考的方式。培养青少年创新能力的关口必须前移，要让创新成为全民族的一种习惯，使创新思维渗透于工作、学习、生活和一切社会事务中。这样的情形让人忧虑：如果连孩子都不敢标新立异，整个社会的创新又从何谈起？所以弄清楚束缚自己思想的东西，并去克服解决，只有这样，才能有好的想法、新奇的思维。

心灵悄悄话

冒险和创新是孪生兄弟，没有它就难以有所创造。创造是一种探索性、创新性很强的活动，难免会遇到各种风险。俗话说，"不入虎穴，焉得虎子"，要想探索事物的奥秘，有所作为，就非有冒险精神不可。

第八篇

充分发挥创造思维

创造思维是一种新颖而有价值的、非结论的，具有高度机动性和坚持性，且能清楚地勾划和解决问题的思维活动。

创造性思维是现代人类社会创造活动的灵魂和核心，人脑仍将是决定未来社会竞争优胜劣汰的关键。

毛泽东指出："人类总是不断发展的，自然界也总是不断发展的，永远不会停止在一个水平上。因此，人类总得不断地总结经验，有所发明，有所创造，有所前进。"

思维是人类智慧的中枢

发明创造也要有向导

科学思维是发明创造的"向导",离开了这个"向导",就有可能被伪科学钻了空子,就可能分不清什么是科学,什么是迷信;什么是科幻;什么是神话;什么是真实,什么是魔术。

综观诺贝尔物理学奖、化学奖得主,有许多人是凭着直觉确定主攻方向的,但这种直觉是建立在严密的科学思维方法的基础上的。作为家长,从小应该教育孩子学会分辨什么是科学,什么是伪科学,以免把大量的精力浪费在无效的努力上。思维能力就是一个人进行思考的能力,它是未来人才的必备素质之一,也是检验孩子智力水平的一个重要依据。特别是创造性思维能力,它是一种求新求异、设法打破条条框框的束缚而使问题得以解决的能力。这种能力是建立在孩子充分的独立性和自主性基础上的,是孩子从小就开始发展的。作为父母,要想让孩子思维能力胜人一等,必须使孩子充分拥有做事的机会和思考的权利,从小就开始培养孩子的思维能力。同时,父母还应努力创设一种宽松、民主、自由的家庭气氛以利于孩子自主性的确立和培养。

思维能力是智力结构的核心,是培养孩子创造力最重要的智力因素。从心理学讲,思维是人脑对客观事物间接和概括的认识过程,通过这个过程,可以把握事物的一般属性和本质属性。在思维活动中,为了提出和解决现实生活中的各种问题,人们会进行各种心智操作,也就是不同阶段的心理活动,它们主要包括分析、综合、比较、抽象、概括和具体化。

所谓分析,是在头脑中把事物的整体分解成各个部分、个别方面和个别特性,并加以认识的过程;综合是把个别属性、个别方面结合成为某个整体;比较是确定事物之间相同与不同之处的过程;抽象是在比较基础上分离出事物共同的本质的特征;概括是将抽象的部分事物共有的本质特征结合起来,并推广到同类其他事物下的过程;而具体化是在概括的基础上,将对事物的一般认识,应用到相应的个别事物上。

思维是一种复杂的、系统的心理现象,可以从不同的角度去划分。按思维的内容分,可分为动作思维、形象思维和抽象思维(逻辑思维);按思维的性质分,可分为再造性思维、创造性思维。

创造性思维是思维中的最高形式,它的特点主要有思维形式的反常性,思维过程的辩证性,思维空间的开放性,思维成果的独创性,以及思维主体的能动性。

人的思维发展的总趋势是由具体思维到抽象思维,即由动作思维发展到形象思维,再依次发展到抽象逻辑思维。

在0~3岁这个阶段,孩子只有在看、听、玩的过程中,才能进行思维。他们常常边玩边想,但一旦动作停止,思维活动也就随之停止。也就是说,这时期孩子的思维是依靠感知和动作来完成的,主要以动作思维为主。比如说,孩子在画画前并不知道自己要画什么东西,只能画完后才能把画的东西想象成某一种东西告诉你。

3岁以后,孩子已经能摆脱具体行动,运用已经知道的、见过的、听过的知识来思考问题,他们的思维可以依靠头脑中的表象和具体事物的联想展开,虽然这时期动作思维仍占很大部分,但是形象思维也占了很大比例,孩子的思维活动必须依托一个具体形象来展开。

五六岁时,孩子对事物的理解开始发生各种变化,思维从形象思维向抽象逻辑思维过渡。首先,从理解事物个体发展到对事物关系的理解;其次,从依靠具体形象理解过渡到主要依靠语言来理解(这时,如果用语言向他描述事物,他通常能理解);再次,这个阶段的孩子已经不停留在对事物

简单表面的评价,开始对事物有比较复杂、深刻的评价。例如,早期孩子看电视时,可以说出好人、坏人,这时已经能知道好在哪里,坏在哪里,还会用各种理由来说明他的看法。另外,此时期的思维已经从事物的外表向内部、从局部到全面进行判断和推理,并且逐步正确加深。

你什么时候思考

思维是人脑借助于语言对客观事物的本质和规律的间接的概括的反映。思维是人智慧的中枢,属于认识过程的理性阶段和高级的反映形式。它能使我们把握住事物的本质、全貌和内在联系,从而打破直接认识的局限,扩大知识经验范围,达到推知过去、预见未来的目的。人们通过思维活动,能更深刻、更准确、更完善地反映现实,能认识到人们直接观察到的事物的内在联系。

在智力的组成因素中,思维占有十分重要的地位,可以说是核心地位。智力就好比一只鸟儿,要运用和发展智力,就必须运用思维能力。思维在一个人学习和成才过程中起着至关重要的作用。孔子说,"学而不思则罔",意即光学习不动脑思考,就会一无所获,迷惘无知。

最早完成原子核裂变实验的英国著名物理学家卢瑟福,有一天晚上走进实验室,当时时间已经很晚了,他见一个学生仍俯在工作台上,便问道:"这么晚了,你还在干什么呢?"

学生回答说:"我在工作。"

"那你白天干什么呢?"

"也在工作。"

"那么你早上也在工作吗?"

"是的,教授,早上我也工作。"

于是,卢瑟福提出了一个问题:"那么这样一来,你用什么时间思考呢?"

这个问题提得真好！古往今来凡是有重大成就的人，在其攀登科学高峰的征途中，都是给思考留有一定时间的。据说爱因斯坦狭义相对论的建立，经过了"十年的沉思"。他说："**学习知识要善于思考、思考、再思考，我就是靠这个学习方法成为科学家的。**"

伟大的思想家黑格尔在著书立说之前，曾缄默六年，不露锋芒。在这 6 年中，他是以思为主，专研哲学。哲学史家认为，这平静的 6 年，其实是黑格尔一生中最重要的时刻。

牛顿从苹果落地导出了万有引力定律，有人问他这有什么"诀窍"，牛顿说："我并没有什么方法，只是对于一件事情作长时间热情的思索罢了。"

由于德国数学家高斯在许多方面都有杰出的贡献，有人称他为"数学的王子"，而他则谦虚地说："假如别人和我一样深刻和持续地思考数学真理，他们会做出同样的发现的。"

思维对发展人的智力和才能是至关重要的。**青少年如果能够养成良好的思维习惯，适时适宜地进行思维训练，思维能力就会像禾苗得了及时雨一样苗壮成长。**

心灵悄悄话

　　思维能力强，就能更好地获取知识、应用知识、创造新成果。智力是观察力、注意力、记忆力、想象力、思维能力的综合表现，而在这些能力中，思维能力起着核心作用，借用思维活动可形成新的知识体系。

思维定式能让人出尽洋相

大多数人总是自觉不自觉地沿着以往熟悉的方向和路径进行思考，而不会另辟新路，这叫思维定式，它是创新思维的头脑枷锁。

国外医学界曾经报道过这样一件事：一位年轻人遇到一位心跳骤停的病人，为了恢复病人的心跳，年轻人用水果刀切开病人腹部，掰断两根肋骨，直接用手挤压心脏，救活了病人。试想假如那位年轻人像受到正规训练的医生那样思考，他会顾虑水果刀不卫生会引发感染，也不会用手掰断肋骨。但是在那种情况下，年轻人的方法是最好的。这是打破思维定式救人的例子。

科普作家阿西莫夫从小就很聪明，智商测试得分总在 160 分左右，属于"天赋极高"之列。有一次，他遇到一位熟悉的汽车修理工。"嘿，博士！我给你出一道题，看你能不能答出来。"修理工对阿西莫夫说。

阿西莫夫点头同意，修理工便开始说他的问题："一位聋哑人想买几根钉子，就对售货员做了这样一个手势：左手食指立在柜台上，右手握拳做出敲击的样子。售货员见状，拿来一把锤子，聋哑人摇摇头，于是售货员明白了他想买钉子。聋哑人走后又来了一位盲人，他想买一把剪刀，请问，他会怎么做呢？"

阿西莫夫立即回答："他肯定会这样——"他伸出食指和中指，做出剪刀的形状。汽车修理工听了阿西莫夫的回答开心地笑起来："哈哈，答错了吧！盲人想买剪刀，只要开口说'我要剪刀'就行了，干吗做手势呀？"修理工接着说："其实在问你之前我就知道你肯定答不对，因为你所受的教育太多了，不可能很聪明。"

思维定式简单地说就是把对待事物的观点、分析、判断都纳入了程序化、格式化的套路,对具体问题的分析判断僵化、机械,从而失去了它的灵活性。

对于思维定式,也不能全盘地予以否定。比如,你脑子中存有家庭的思维定式,它包括你的家庭位置、周围环境及家庭内部环境和人员组成等,它对你来讲就是有用的,你每天回家就不用再想一想你的家在哪儿、你的妻子儿女是谁等一些问题了。甚至在你喝醉了酒的情况下也能找到家门。这是指对待简单的方面而言的,它有一定的快捷作用。而对于一些复杂的问题,就不能再沿袭此类的套路。

以下是一组摆脱思维定式的训练题。它的真正意义在于促使我们探索事物存在、运动、发展、联系的各种可能性,从而摆脱思维的单一性、僵硬性和习惯性,以免陷入某种固定不变的思维框架。

(1)广场上有一匹马,马头朝东站立着,后来又向左转了270°。请问,这时它的尾巴朝哪个方向?

(2)你能否把10枚硬币放在同样的3个玻璃杯中,并使每个杯子里的硬币都为奇数?

(3)天花板下悬挂两根相距5米的长绳,在旁边的桌子上有些小纸条和一把剪刀,你能站在两绳之间不动,伸开双臂双手各拉住一根绳子吗?

(4)玻璃瓶里装着橘子水,瓶口塞着软木塞。既不准打碎瓶子、弄碎软木塞,又不准拔出软木塞,怎样才能喝到瓶里的橘子水?

(5)钉子上挂着一只系在绳子上的玻璃杯,你能既剪断绳子又不使杯子落地吗?(剪时,手只能碰剪刀)

(6)有10只玻璃杯排成一行,左边5只内装有汽水,右边5只是空杯。现规定只能动两只杯子,使这排杯子变成实杯与空杯相交替排列。如何移动两只杯子?

(7)有一棵树,树下面有一头牛被一根2米长的绳子牢牢地拴着鼻子,牛的主人把饲料放在离树恰好5米之处就走开了。这牛很快就将饲料吃了个精光。牛是怎么吃到饲料的?

(8)一只网球,使它滚一小段距离后完全停止,然后自动反过来朝相反

方向运动,既不允许将网球反弹回来,又不允许用任何东西打击它,更不允许用任何东西把球系住。怎么办?

心灵悄悄话

学习贯穿于人生的全过程,无论你处于什么环境之下,也无论你已经是什么年龄,更无论你是从事什么职业,同时,也不论你已经掌握了多少知识与技能,学习对于你来说,永远都只是开始,而绝不会是结束。纵观博学多识的历代先贤,无不是终身苦读如初,一生不忘做学问的。

独立思考打开创新力的大门

独立的思考能力是现代创新活动的基本要求。具体地说,独立的思考能力是针对具体问题进行的深入分析而提出自己的独创见解的能力,它也是一种运用已经掌握的理论知识和已经积累的经验教训,独立地、创造性地分析和解决实际问题的综合能力。

我们在创新活动中,要善于根据实际情况进行独立的分析和思考,对问题的认识和解决有独创见解,不受他人暗示的影响,不依赖于他人的结论,努力防止思想的依赖性。这样我们就能够成为独立的思考者,提升我们的创新力。

不可否认,创新很多时候是一个很孤独、很痛苦的思考过程,因为没有前人的经验可以参考和借鉴。

但要想创新,思考是必不可少的,而且是解决问题的关键。因此,学会独立思考十分重要。当你通过独立思考而采摘到创新胜利之果时,请相信,那份愉悦是什么事情也比不上的。

爱因斯坦12岁时,一次,他的叔叔在纸上画了一个直角三角形,写了一个公式,然后对他说:"这可是著名的毕达哥拉斯定理,两千多年前就有人会证明了,要不你也试试?"

当时爱因斯坦还不懂得什么叫几何,但他很快就被迷住了,开始利用有限的知识运算、证明。

一连3个星期,爱因斯坦都在对这一问题冥思苦想,但始终没有任何进展。叔叔看不下去了,想教他,但倔强的爱因斯坦表示,自己一定可以通过思考证明出来。最终,他以三角形的相似性成功证明了这一定理。

爱因斯坦第一次体会到了独立思考带来的快乐,这种快乐让他更加痴迷于思考,也让他受益终身。

16 岁那年,他开始思考一个很有挑战性的问题:如果用某种光的接收器跟在光后面以光速奔跑,那会发生什么呢? 这个问题在当时尽管没有找到答案,但它却成为相对论的萌芽。

独立思考是如此美妙,以至于到 67 岁时,爱因斯坦还在津津乐道于 12 岁时对几何问题的思考。他说:"如果那时没有学会独立解题并体验因此带来的极大快乐,我后来就难以培养好的思维习惯。"

和爱因斯坦一样,很多伟大的科学家、发明家也是从小就养成了独立思考的习惯。

著名物理学家、诺贝尔奖获得者居里夫人为了让孩子们学到更多的科学知识,与科学界的几位朋友共同制订了一个合作教育计划——把各家的孩子集中到一起,由家长们分别授课。居里夫人的长女伊伦自然也在其中。

一次,物理学家朗之万给孩子们讲了一个实验,并故意说了一个错误的现象。

这引起了小伊伦的疑问,她觉得朗之万叔叔讲的和书上正好相反,于是马上跑去问妈妈,朗之万叔叔是不是搞错了。

居里夫人没有直接回答伊伦,而是鼓励她自己思考:"孩子,你为什么不自己动手做个实验呢? 这样你就能找到答案了。"

伊伦抑制不住好奇,立即动手将整个实验操作了一遍,结果她惊讶地发现:自己是对的,而朗之万叔叔错了。

于是她找到朗之万叔叔,详细讲述了自己的实验过程,并大胆地宣称:"朗之万叔叔,您错啦!"

朗之万欣慰地哈哈大笑说:"伊伦你是对的,叔叔确实讲错了。这么多孩子,只有你认真思考了,提出了疑问,并且通过自己动手做实验来证明,这是最难得的。"

伊伦从小养成的独立思考习惯,为她以后在科学的道路上探索和创新奠定了坚实的基础。后来她成了一名化学家，也获得了诺贝尔奖。

独立思考是一双善于发现创新机会的"慧眼"，处处都能发现问题。

你想提高你的创新力吗？那就从现在开始进行独立思考吧！

敢于独立思考，提出独创性见解

青少年的主要任务就是学习，学习一切科学文化知识，为将来干出一番事业打下坚实的基础。但是，有的学生只是机械地记住书本上的知识，使大脑成为知识的仓库，而根本没有经过自己的思考，这样的做法是不足取的。因为，对知识的记忆虽然很重要，但更重要的是独立思考。

古希腊哲学家赫拉克利特说过："博学并不能使人智慧。"只有在学习和生活中善于独立思考，才能开出智慧的奇葩。特别是在当前知识大爆炸的背景下，具备独立思考的良好习惯尤为重要。

独立思考，是使愚者成为智者的钥匙；遇事缺乏思考，是智者变愚的根源。养成独立思考的良好习惯，是人们发现新的知识，通向成功之路不可缺少的桥梁。

独立思考的人，是不唯书、不唯上、非常自信的人。一个常怀疑自己的人，也是不敢怀疑书本的，而一个不敢怀疑书本的人，是不可能做出惊天动地的大事业的。

在学习上独立思考，其实质就是在学习知识的过程中要经过自己头脑的消化。当然，在学习的过程中，有些机械的记忆和模仿是必要的，但最终要变成自己的东西，还是要经过自己的一番思考。如果不能独立思考，在学海中随波逐流，人云亦云，那就不知会飘向何方。

青少年主动培养独立思考能力，养成独立思考的良好习惯是十分重要的。科学巨匠爱因斯坦十分强调培养人的独立思考和独立判断的能力，他说："发展独立思考和独立判断的一般能力，应当始终放在首位，而不应当把获得专业知识放在首位。"爱因斯坦是这样说的，也是这样做的。正是由

于养成了独立思考的良好习惯,具有独立思考的能力,他才创立了相对论,开辟了科学上的新纪元。同样,诺贝尔奖获得者、美籍华人物理学家杨振宁也认为,学习和做研究工作的人,一定要有独创的精神和独立的见解。他认为独创是科学工作者最重要的素质,而这又必须从学生时代起就开始培养。在做学生时,就要在学习的基础上,敢于独立思考,提出独创性见解。

青少年是为人生发展打基础的时期,在这期间,一定要重视培养自己的独立思考能力,养成独立思考的良好习惯。那么,具体该怎么做呢?

1. 要明白独立思考的重要性,产生独立思考的热情

由于现行教育制度的缺陷,有的学生不需独立思考,只要死记硬背也能取得较好的成绩,所以认为独立思考是卖力不讨好的事情。为了纠正这种错误的认识,就要真正懂得独立思考的意义,主动进行独立思考能力的培养,逐步养成独立思考的良好习惯。

2. 要多进行独立思考的活动

不要小看这独立思考的小火星,"星星之火,可以燎原""自古成功在尝试",只要敢于独立思考,就说明自己不拘泥于现成的东西,这是十分可贵的。

3. 要克服高不可攀的心理

一提起独立思考,大多数青年学生就会摇头:"老师讲什么,我们就学什么;书本上说什么,我们就记什么。独立思考,是科学家的事,我们哪有这个本事啊!"的确,科学家需要独立思考的能力,但独立思考也并非高不可攀、可望而不可即的。

其实,对老师讲的有不同意见,经过思考向老师提出来就是一次独立思考的过程。还有,对书上的习题提出与老师不一样的解法,也是独立思考。所以,中学生要在学习和生活中敢于进行独立思考,善于进行独立思考,逐步培养独立思考的良好习惯。

4. 打好基础,多学知识

独立思考并不是胡思乱想,它需要一定的知识作基础。假如脑袋里空空如也,一无所有,那么任凭我们如何独立思考,也是不会思考出什么"出

类拔萃"的东西来的。完全独立的"独立思考"是没有的，人们总是在吸取前人有益遗产的基础上，方能进行独立思考，得出与前人多少有所不同的东西来。因此，对于青少年来说，最重要的就是学习一切有用的知识，在此基础上培养自己独立思考的良好习惯。

心灵悄悄话

> 创新思维是在一般思维的基础上发展起来的，它是后天培养与训练的结果。卓别林为此说过一句耐人寻味的话："和拉提琴或弹钢琴相似，思考也是需要每天练习的。"因此，要学会和掌握创新思维方式，人们必须自觉地培养和训练，逐步具备良好的思维功底和思维品质。必须积累丰富的知识、经验和智慧，才能"厚积薄发"。

创造构想能力的提高

　　爱因斯坦曾经分析创造的机制是：由于知识的继承性，在每个人的头脑里都容易形成一个比较固定的概念世界，而当某一经验与这一概念世界发生冲突时，惊奇就会产生，问题也开始出现。而人们摆脱"惊奇"和消除疑问的愿望便构成了创新的最初冲动，因此，"提出问题"是创新的前提。而恰恰是这个"提出问题"的环节，对我们来说可能非常困难。也许青少年会认为个人的观念带有很强的主观性，容易随各种环境、形势、条件等变化而变化，但实际上并非如此。相反的是，一旦某种观念在我们的头脑中形成，要改变甚至放弃这种观念将是异常艰难的，但是我们又必须克服这种困难。因此在未来的时代，新事物、新观点、新概念的出现是如此之多、如此之快，青少年几乎每时每刻都受到"更新"的剧烈冲击。

　　诺贝尔物理学奖获得者朱棣文曾说过这样一句话："科学的最高目标是要不断发现新的东西，因此，要想在科学上取得成功，最重要的一点就是要学会用与别人不同的方式、别人忽略的方式来思考问题。"对我们每个人来说，不仅仅是想在科学上，想在任何一个领域、任何一项事业中获得成功，都必须学会用与别人不同的方式来思考问题，学会用别人忽略的方式来思考问题。

　　创新意识的形成不是一蹴而就的，它需要我们长期地培养。按著名经济学家熊彼特的说法，创新的核心含义是"引入新要素""实现新组合"。他认为创新要求在原有框架中引入新要素，因而必然包含着对旧有的"创造性破坏"。这对于中学生开发、培养创新意识是有启迪的。青少年在接触一个事物、思考一个问题的时候，要养成敢于打破常规，从别人认为是荒诞的、离奇的、不可思议的角度出发想问题的习惯，大胆引进新的东西。另外有人指出：观念的创新实际上是"旧的成分的组合"。这也提醒中学生在思考问题的时候，可以大胆地进行新颖组合的设想。只要中学生有意识地按照上述的办法来锻炼自己多角度、多层次、多种类分析、思考问题的方法，创新意识就会逐渐地扎根于头脑之中，中学生也会自觉不自觉地以创新的眼光安排、设计自己的一切。

成功的本质在于创造。没有创新和创造就谈不上成功。要创造，必须具备强烈的创新意识和较高的创造构想能力。创造能力是指在已有的知识与经验的基础上，首创前所未有的新事物的能力。如科学的新发现、新突破、新创见，技术的新发明，艺术的新创作，经济体制和政治体制改革的新设想、新建设，理论研究的新见解，工作方法的改善等。创造构想能力是人才获得成功的一种极其重要的素质。

为了培养独立思考的良好习惯，必须十分重视提高和发展自己的创造构想能力。那么，怎样才能提高自己的创造构想能力呢？

1. 注意积累丰富的知识和经验

知识和经验是创造构想能力的基础。科学上的创造、技术上的革新、艺术上的创作都是在丰富的知识和经验的基础上，通过创造性构想而成功的。经验越丰富，知识越渊博，创造性构想的思维就越活跃，丰富的知识经验可以使人产生广泛的联想，使思维灵活而敏捷。

创造构想需要以知识与经验的积累为基础，但并不是说只有等知识经验积累到自认为非常丰富的地步才能进行创造，知识经验积累的程度也不完全与创造构想的能力成正比。在学问不多时，直接进行创造，直接为实现既定目标而设计自己的知识结构，积累有关的知识和经验，尽快把积累的东西用于创造，常常能收到事半功倍的成效。

2. 要培养良好的个性品质

个人性格品质的好坏，在很大程度上影响着创新能力的强弱。如自信、勤奋、进取心强、浓厚的认知兴趣、对模糊的容忍度、富有幽默感、顽强的毅力、甘冒风险和不屈不挠的精神等。它往往通过为创造力的发挥提供心理状态和背景情境，通过引发、促进、调节和监控创造力，以及与创造力协调配合来发挥作用。

　　适宜于创造的个性品质特征主要有：①独立的人格特征。也就是说人要具有独立自主的精神，有自己的主见与认识理解，有自己的观点，不人云亦云；自信自尊，不盲目服从，不轻信他人；要勇于向常规挑战，不满足于已有的结论，善于并敢于怀疑权威。②具有优良的意志品质。要有不服输的劲头。任何创新的过程都包含着对旧东西的"破坏"，其间必定充满着坎坷、阻碍以及各种艰辛。这就需要具有顽强的毅力和不屈的精神，能够在挫折面前坚持既定的目标，坚韧不拔、百折不回、永不低头。③要具有强烈的求知欲，对自己不知的、知之不多、知之不明的东西，有一种旺盛的欲望，就是获取它、求得它。④具有冒险、进取和献身的精神，以及强烈的使命感和责任心。这是一个创造型人才应当具有的事业心，表明了对未来的执著追求和对生活的美好憧憬，也决定着一个人在挫折面前能否保持住足够的信心和耐心。

　　3.加强对个人情感的培养和调节

　　在人们的创造性活动中，积极、健康、稳定的情感是激发人的创造想象活动的重要心理因素。积极的情感，如镇静、乐观、愉快，可以促进思维活动的进行；而消极的情感，如悲伤、烦躁、焦虑等，则有碍于思维活动的进行。

　　情感丰富的人，他们的想象充满了生动的色彩。为了追求真理，改革社会，发展科学，要敢于突破权威禁区，打破陈规陋习，提出科学创见。这种大智大勇、无所畏惧、为真理勇于献身的情感正是创造者应具备的品格。

心灵悄悄话

　　想象力是人类运用储存在大脑中的信息进行综合分析、推断和设想的思维能力。在思维过程中，如果没有想象的参与，思考就很困难，特别是创造性想象，它是由思维调节的。幻想不仅能引导我们发现新的事物，而且能激发我们作出新的努力及探索，去进行创造性劳动。

创造与灵感的缘分

似乎很少有人把灵感同青少年的学习联系起来,其实,灵感不一定就指发明创造,也并非为科学家、艺术家所独有,在平凡的学习与生活中,也会产生富有创造性的奇思妙想,也可能闪烁出星星点点的灵感火花。应当说,谁具备了产生灵感的条件,谁同灵感就有了缘分。

在解题、科研、创作过程中,常常有这样的情况,经过各种各样的假设、推理,采用多种途径去探讨、摸索,都没有成功。在走投无路的时候,往往由于偶然机遇受到启发而突然闪出一个念头,想出一个办法。这办法做起来是那么得心应手,好像有种神奇的强烈的创造力,这种种现象便是所谓的灵感。

那么,什么是灵感呢?从心理学角度看,**灵感是"人的精神与能力之特别充沛的状态","是浓厚的情绪的充沛状态"**。这状态,保持着创造对象的注意力极度集中,创造过程的情绪极度专一,创造意识的极度明确。灵感是一种复杂的心理现象,是思维活动中由思想集中、情绪高涨而表现出来的创造能力。

创造者在渊博的知识、丰富的经验和社会实践的基础上进行思考的紧张阶段,由于有关事物的触发、启示,促使在创造活动中所探索和捕捉的某些重要环节得到明确的解决,这就可以称为获得了灵感。

两千多年前的科学家阿基米德为测定一顶金王冠的体积,苦思冥想不得其解。有一次他进入澡盆要洗澡时,盆里的水就溢出来,他突然醒悟道:"溢出去的水的体积不就是自己身体体积吗?"由此,他发现了浮力定律。

俄国作家果戈理早就想写一部作品,描写与讽刺沙皇统治下的俄罗斯

官僚机构的黑暗腐败，可因为找不到一个合适的故事去把那些生动素材串联起来，所以迟迟不能动笔。一天，普希金说他曾到奥伦堡去搜集创作材料，人家把他当成了彼得堡派来"私访"的"钦差大臣"。听了这则笑话，果戈理苦闷之情为之一释，捕捉到了构思链条上关键性的一环，找到了一个"突破点"，于是思路豁然贯通、文思泉涌，以不足两个月的时间，一挥而就，写成传世之作《钦差大臣》。

由此可见，灵感并非"神力凭附"或"先天"固有的，它源于社会客观实践，是人脑对客观现实反映的一种机能。

简单地说，灵感就是一种高明的突发性的创造力。它并不是那么玄妙神秘，那么可望而不可即，它产生于社会的实践和积极的思考，谁在实践中付出的劳动代价多，谁的灵感也就多。

教你激发自己的灵感

青少年产生灵感的条件及其在思维活动中的作用，自然比不上科学家、艺术家。但他们也有不少激发灵感的有利条件和良好素质，如勤于思考、思想敏锐、热爱幻想、勇于实践等，青少年只要善于诱发自己身上潜在的创造力，灵感就可能经常同他们做伴。那么，具体该如何激发自己的灵感呢？

1. 灵感需要勤奋的汗水浇灌

高尔基说："天才就是劳动。人的天赋就像火花。它既可以熄灭，也可能燃烧起来，而逼使它燃烧成熊熊大火的方法只有一个，就是劳动，再劳动。"灵感是天才的一种表现形式，是长期创造性劳动的必然结果，所以它自然需要勤奋的汗水来浇灌。

灵感虽然带有偶然性和突发性，但它终究是长期努力、积累和思考的结果，即所谓"长期积累、偶然得之"。俗话说"踏破铁鞋无觅处，得来全不费工夫",这看似"不费工夫"的"灵感",正是"踏破铁鞋"的长期努力换来的。

2. 开拓知识领域才能产生灵感

实践证明:知识渊博、经验丰富的人,比知识面窄和缺乏实际经验的人更容易产生新的联想和独特的见解。这是因为知识和经验是创造的素材。

有了大量的素材,灵感才能"一触即发""俯拾即是"。在知识的汪洋大海中,不仅产生了愈来愈多的所谓边缘学科,而且各门知识的内涵和外延,也在日益相互渗透着。只有知识"面"的广阔,才可能有知识"点"的深入。而灵感的产生,又往往有一个由此及彼、由表及里、触类旁通、举一反三的过程,亦即靠有关事物的启示、触发,引起联想与认识上的飞跃,进而产生灵感。

3. 灵感是一种创造性的思维活动

要激发灵感,很重要的是学会机敏地思考。为此要善于从不同角度和不同思路去进行思考。假如把灵感的获得比喻为一个目标,那么,通往这个目标的道路绝不是一条,而是如"百川归海"那样,可以通过各条渠道到达目的地。考虑问题的角度狭小单一,常常会造成脑子的僵化,甚至将思路完全堵死。如果把那些想不通和暂时不得解决的问题先搁置起来,过几天再来看看,再来想想,往往会发现先前被疏忽的地方,会暴露出设想的缺陷并找到问题的症结,新的设想、新的见解就可能突然间跃入脑际,于是可能在"山重水复疑无路"的困顿中,进入"柳暗花明又一村"的新境界。

4. 抓住一瞬即逝的"闪念"

灵感的特点是突发性的,来得突然,去得匆匆,往往是稍纵即逝。在思索、演算、答题、实验以及游戏和玩耍中,有时是会"领悟"某个道理,或突然想起某个有趣的事情的。这时,就应当及时抓住不放,不让偶尔在脑际间出现的"闪念"溜过去。

5. 保持最佳的精神状态,迎接灵感的来临

德国伟大作曲家贝多芬在月夜的乡间小路散步时,耳闻农家女的琴声,顿发乐思,写成有名的《月光曲》。因为精神饱满,情绪良好,心情愉快,能使脑细胞保持良好的状态,使思维活跃,想象力丰富,注意力易于趋向集

中,从而出现思路贯通的佳境;反之,只能使思路堵塞。为保持最佳精神状态,关键的一点就是切实搞好"劳逸结合"。当大脑疲惫时,决不要搞所谓"头悬梁,锥刺股"的"苦"读法。勤奋,是指意志力的坚强和韧性,绝不等于搞加班加点的疲劳战术。

心灵悄悄话

古希腊哲学家柏拉图和亚里士多德都说过,哲学的起源乃是人类对自然界和人类自己所有存在的惊奇。他们认为,积极的创新思维,注注是在人们感到"惊奇"时,在情感上燃起对这个问题追根究底的强烈的探索兴趣时开始的。因此要激发自己创造性学习的欲望,首先就必须使自己具有强烈的求知欲。

好的思维习惯让你更了不起

人生必在思考中度过。我们最基本的生活方式是思考,一个人不惯于思考,生活就变得机械、麻木、没有了创造力,根本不可能成就一个了不起的个性,只能永远是三流人物。

我们要想保持头脑灵活,必须掌握一定的诀窍,养成良好的思维习惯。主要包括:

1. 经常用脑

思考对大脑来说,如机器运转,不思考的大脑就会像久停的机器一样锈蚀。经研究证明,人脑智能远未被完全开发出来。经常用脑无疑是开发智能的良方。多阅读多提问,能促进脑细胞更好地新陈代谢,提高思考能力和记忆力。

2. 信息筛选

人脑可贮存一千万亿条信息。如此多的信息如不加以筛选,必将互相干扰,影响思考效果。因此,青少年每天都应该对进入脑中的信息做一次回忆整理,分清主次,对主要信息可用脑力去思考并进行记忆,对次要信息则可以不做强化记忆。

3. 要养成分析综合的习惯

思维最基本的过程是分析和综合。所谓分析,就是在头脑中把事物的整体分解为部分或者把整体的个别特征方面分解出来。

综合则是指在头脑中把事物的各部分联系起来,或者把事物的特征方面结合起来。为了使这种分析和综合更正确,应该使用归纳和演绎的方法,使思维能比较快地从个别上升到一般,而且根据一般道理来解释个别现象。

事物之间的关系是复杂的,在分析、综合问题的因果关系时,要善于抓住本质的东西,不要被现象所迷惑,不要局限于单一因素上。应该多想一想:什么是主要原因? 什么是次要原因? 什么是一般原因? 什么是个别原因?

4. 要善于比较

我们总是通过确定被比较对象的共同点和相异点来认识事物的。

怎样进行比较呢?

在学习中,可以采用顺序比较法,就是将学习的内容和过去学过的内容进行比较。例如,学习乘法时,把它和过去学习过的加法进行比较,加深对乘法的理解。也可以采用对照比较法,就是同时交错地把两种要学习的教材加以比较。

比较总是在某一个一定的方面进行的,因此在比较过程中始终要围绕主题进行,不要跑题。

应该注意比较哪些是事物的主要因素,哪些是次要因素。有时在比较中搞不清主次,就应该及时求师,解决问题后,再反过来问一问:为什么自己比较不出来? 是哪些环节出了问题?

5. 要培养抽象和概括能力

将事物一般的、本质的特性抽出来单独加以考虑,这种思维特征叫抽象。将事物一般的、本质的属性联结起来并推广到同一类事物上去,这种思维特征叫概括。它们是在比较的基础上进行的,应该遵循"从感性到理性、从具体到抽象"的原则,经常与具体的事物、形象的比喻相联系,将思维具体化。

比如,在阅读某作品时编写提纲,就是培养概括能力的一种有效方法。

6. 加强分类的训练

为了提高掌握知识的质量,应该有意识地进行分类的训练。即将个别的现象或对象分门别类地列入适当的种类中去。

进行类似的分类,可以更好地理解和牢记各种概念的本质属性。必须注意,有些人记忆能力很强,但思维能力却不是很好,这是由于只满足于死记硬背的结果,要把重点转移到理解上。

7.发挥想象在思维中的作用

思维活动必须借助于想象。爱因斯坦说:"**想象力比知识更重要。因为知识是有限的,而想象力概括着世界上的一切,推动着进步,并且是知识进化的源泉。**"

怎样发展自己的想象力呢?

第一,要扩大自己的知识范围。一篇作品中出现的某个人物形象可能是虚构的,但是这个人物形象的影子却在很多人的身上可以找到。因此,要丰富自己的想象力,首先应该丰富自己的想象素材。

第二,要经常对知识进行形象加工,形成正确的表象。例如,在学了"原始人"这一概念后,再去周口店看看展览,对"原始人"这一概念进行形象加工,在脑中形成一个活灵活现的原始人表象,就可大大活跃有关原始人的想象力。

第三,丰富自己的语言。想象依赖于语言,依赖于对形成新的表象的描述,一个人的语言能力的好坏直接影响想象力的发展。有意识地积累词汇,大量阅读有关的文学知识,多练写作,学会用丰富的语言来描述人物的形象和发生的事件,就会扩展自己的想象力。

心灵悄悄话

人的求知欲若不加以有意识地转移到发展智力、追求科学上去,就会自然萎缩。求知欲会促使人去探索科学,去进行创新思维,而只有在探索过程中,才会不断地激起好奇心和求知欲,使之不枯不竭,永为活水。

第九篇

创新离不开实践

　　实践和创新是雨与水的关系，没有了实践如同只有鱼没有水，再好的创新也会成为空中楼阁，不会有长久的生命力；而只有水没有鱼似乎更表现出只有实践没有创新的死寂，毫无生气。只有鱼和水统一在一起，才会变得有生气。正如创新和实践完美地结合在一起，才会结出成功的果实一样。你要想获得成功，实践和创新是必不可少的。"问渠哪得清如许，为有源头活水来。"没有了实践便是无源之水，而没有了创新便是一潭死水，只有在实践的基础上创新，才会真的"清如许"。

别让刚出炉的创意放凉了

微软公司的创始人比尔·盖茨曾经说过：创意犹如原子裂变，每一盎司的创意都能带来无以计数的商业奇迹和商业效益。

任何人在任何时间、任何地点都有可能产生许多看似奇怪的想法。每一个貌似荒诞不经的小想法都有可能牵扯出更多了不起的创意。只是，有的人抓住了想法的"小辫子"，刨根究底，然后付诸行动。而有的人只当念头一闪而过，并不会深究，更别提将想法实现了。

意大利人毛毅辉是一个钟情于创意设计的年轻人，热爱绘画跟手工。2002 年，毛毅辉拉着自己的三位分别来自意大利、南非和瑞典的好友，四个"老外"把各自积蓄凑在一起开办了唯准创意公司。虽从未学过美术或设计专业，但毛毅辉对于自己的决定却异常大胆自信。不久之后，他们得到一个酒吧包装的机会。经过数日的讨论和冥思苦想，毛毅辉的团队设计了这样一个形象包装——柔和的灯光映照下，从宽大的沙发靠背上垂下一只纤细的手腕，还有一双足踝慵懒地搭在沙发扶手上，旁边静静伫立着一瓶装在冰桶中的红酒。这幅被"炫酷"酒廊用作宣传招贴的海报至今仍然贴在毛毅辉办公室墙上的显著位置。"因为这幅作品，几乎所有的北京高档酒店市场经理都知道了我们。"

的确，这个意大利人在设计能力上并不比其他专业人士强，但是他有着一个很重要的特质，那就是敢于付诸行动。他有想法有创意，却并不让它们躺在冰冷的昨天，而是将这些小点子都收集起来，应用到了实践中去，这样，他的付出也得到了回报。

谁都知道创意是好东西，但并不是每个人都懂得珍惜它们。它所能带来的成功和收获都是基于你将它们实现的基础上的。只有动起来才有成功的可能，如若害怕失败让创意死掉，那么创意也就没有任何意义了。

小巧、方便、可随身携带的随身听受到热爱音乐的年轻人的欢迎，但在20世纪70年代以前，并没有出现随身听。生产商追求着录音机小型化，因为要有录音、放音还要安装喇叭，所以始终无法做得更小。当时日本一家生产录音机公司的会长一次到录放音机的设计部门去，看到一名年轻人正在玩一部改造过的小型放音机。年轻人看会长来了，心里十分紧张。因为他是在上班时间闲着没事按照自己的喜好改造产品，而没有搞产品设计。然而，会长并没有批评他，反而对他的小录音机产生了兴趣。他问那位年轻人改造了哪些部分，结果知道除去了喇叭及录音的机能，又装了音响的主板，由耳机直接收听音乐。会长从这个小巧的录音机上认识到：原来某些认为必备的东西是可以去除的。如此一来，录音机的小型化得到很大的改进。一种全新的随身听就这样诞生了，并从此风靡世界。

喜欢听音乐的年轻人想把音乐"随身携带"，因此他开动脑筋，把放音机进行了改良，从而实现了这个"随身听"的梦想，并且成为风靡世界的随身听的前身。如果没有第一个敢于创新的人，敢于去突破的人，那么今天我们可能会失去很多有意义的东西。

每个人都有自己的闪光点，在不同的事情上有自己的突发奇想，但是有的人也许只是想一下儿而已，而有的人却将它付诸到实际，并让其开花结果。像牛顿，正是源于青年时期的出奇想法，才有了今天的万有引力定律。

所以不管什么事情，都要敢于去思考、去创新，有自己的创意，而不是一味地接受和被灌输。一旦有了好的点子就立马去做，如果此时此地不方便，在公交车上，在会议室开会，那不妨就随手写到自己的记事本上吧！不是有这样的名人把自己的好点子写到鞋底上吗？

好点的创意都是刹那间的灵感闪现，如果不能将此付诸实践，那就不能成为好的创意，而只能说是空想了。处于青年时期的人，更应该敢想敢做，还有什么时期比青年时期有更多的突发奇想呢？

创新三部曲

创新是企业生存的根本，是发展的动力，是成功的保障，越来越多的商业奇迹来自创新。因此，想要成功，实现自己的财富梦想，你也要让自己成为一个创意不断的人。

一、培养创新的兴趣

兴趣是人在探索、认识某种对象的活动中产生的一种乐趣。这种乐趣能够使人们得到极大的满足，从而促进人们注意力高度集中，达到忘我的程度，给自己一股强大的前进动力。达尔文说："我一生的主要乐趣和唯一职务就是科学工作，对于科学工作的热心使我忘却或者赶走了我的不适。"居里夫人说："科学的探讨研究，其本身就含有至美，其本身给人的愉快就是报酬，所以我在我的工作里面寻得了快乐。"假如一个人对自己从事的事业毫无兴趣，必然视事业为畏途，不可能有如醉如痴、废寝忘食、战胜一切困难的精神和韧劲。因此，让自己对创新有兴趣，这样才能长久地激励你不断地去创新，不断地丰富自己的生活，活出自己的精彩。

二、懂得玩转新鲜元素

用一切人们比较陌生、比较时尚的东西来装饰你的生活方方面面，带给人新奇感，同时也给你的生活增添一些乐趣。

比如，你想让人觉得你的居室充满新鲜感，和一般采用精美家具的家庭不同，你可以采用现在很时尚的原木家具，给人一种清新、质朴的感觉；比如，你想让你的电影或唱片给人耳目一新的感觉，可以加入时下流行的新鲜元素，在造型上打造得与众不同；比如，你想让你的画作有所进步，就要在题材、构图、色彩和笔墨技法上追求突破，在各方面为画注入新鲜的元素，同时又将这些新鲜的元素不断整合、消化，浑然一体，画出新意……所以，无论是哪一行业，平时都要留意身边的新鲜事物，成功捕捉到这些新元素。

三、拥有宽广的知识面和眼界

创新是一种智慧的表现,它必须建立在丰富知识的基础上。一个人只有具有广博的知识,才可以做到奇思妙想,创意不断。因此,要让自己广泛涉猎各个领域,充实自我,不断从浩如烟海的书籍中收集幽默的浪花,从名人趣事的精华中撷取创新的宝藏,对身边的人和事可以从不同的角度解读出不同的韵味,让自己成为一个思想开阔、活跃,创意不断的人!

创新可以带来财富早已不是新鲜的事,特别是越来越注重创新的今天,因此要不断地挖掘出自己的创新潜力,实现自己的人生价值。

心灵悄悄话

创新需要自由,需要一种平等的交流对话的气氛,这样才能激活思想的创新灵感,碰撞出思维的创新火花;才能敢于超越前人,超越传统,超越国界,敢于怀疑,敢于标新立异。

练就你的双手

孩子动手操作能力既是智力内容之一，又是开发、培养一个人总体智力、促进其他单项智力的最适合的教育方式。但是，我们的学校教育、家庭教育都忽视对孩子动手操作能力的培养。这是一种亟待矫正的做法。青少年动手操作、游戏的教育方式是最好的。那么，培养孩子的动手操作能力有哪些好处呢？

首先，有利于孩子智力的开发和提高。我们常用"心灵手巧"这个成语，实际上，"心灵"和"手巧"在相当程度上互为因果关系：即"心灵"的人则"手巧"，"手巧"的人则"心灵"。在我国古语中，常用"心"代称脑，此处也是如此。也就是说，脑子聪明的人手也会灵巧，但这是从潜能意义上说的，即脑子聪明的人具备了手巧的潜能，但如果两手不经常练习使用，这种潜能就挖掘不出来，久而久之，还会降低"心灵"的程度；**经常动手操作的人，不但会练出一双巧手，还会使大脑变得聪明起来，因为人的大脑与人体的各个部位都是紧密相连的，双手越练越巧，还能带动脑筋也越来越灵活。**

从生理科学角度讲，大脑控制着整个人体，人体躯干各部分的活动促进大脑机能的成熟和发展。大脑约有 5 亿个神经细胞用以控制、协调人体躯干的活动，其中控制手的大约有 20 万个。当孩子双手在活动时，指头上的神经细胞随时将信息传入大脑，大脑将结合来自视觉、听觉等诸方面的信息，进行综合、加工、处理，并不断发出神经指令协调手的动作。在这个过程中，手和大脑都得到了锻炼和发展。所以，经常锻炼孩子动手操作的能力，非常有利于孩子智力的开发和提高。

其次，有利于孩子生活自理能力的提高。孩子不能总是依赖父母生活，总有一天他们会长大，需要独立生活。然而，生活中衣食住行的方方面面都离不开动手操作。如果孩子动手操作能力强,生活起来就容易一些;如果孩子动手操作能力差,生活起来就很困难。

最后,有利于孩子将来从事科研工作。如果问家长们最希望自己的孩子将来做什么工作,很多家长会说希望孩子将来当科学家,搞科学研究。而科学家中,大多数人要经常做实验,如果动手操作能力强,实验就做得好,就有利于出成果;如果动手操作能力差,实验就做不好,就很难取得成就。

诺贝尔奖获得者中,多半是科学家,这些科学家中又有多半是搞实验科学的,他们的成就差不多都是在实验室里取得的,从很大意义上说,是靠他们的一双巧手操作出来的。

练就一双巧手,并非靠朝夕之功,恐怕从小就得练起。

西奥雷尔小时候最美慕爸爸有一把手术刀,他也学着经常解剖小动物,后来他成了医学家,显示出精湛的实验技术,同行们都为之赞叹;卡雷尔小时候看到妈妈绣花,他也偷偷跟着学,后来他成了医学史上第一个缝补血管的人;豪斯菲尔德小时候看到牧师家的电唱机能唱出美妙的音乐,他自己东拼西凑也制作了一台,竟然也放出了音乐,后来他发明了第一台CT扫描仪;狄尔斯、鲍林和维格诺德小时候都喜欢做化学实验,后来他们都成为了不起的化学家;马可尼和范恩从小就有自己的小实验室,后来他们一个发明了无线发报技术、一个发明了前列腺素。

在我国的儿童教育和人才培养中,有一个十分重要的问题往往被忽视了,这就是关于动手能力的培养。所谓动手能力,心理学或教育学也称之为"实际操作能力"。

长期以来,由于历史的根源,以及传统教育思想的影响,动手能力的培养未能得到应有的重视。在我国的学生中,动手能力差是普遍存在的现象。近年来,一些国外有名望的华裔学者在回国访问时,曾多次谈到过这个问题。一些到国外去考察的专家和留学生也同样有这方面的体会。

一位著名的美籍华裔学者对我国高能物理学家张文裕教授说:"中国

留美学生与美国学生的学习方法显著不同。中国留学生钻研书本很刻苦，但是动手能力差，一旦仪器出现故障，往往解决不了；美国学生就不一样，他们一接触仪器，就一边摆弄，一边思考，七动八动，很快就把仪器出现的问题解决了。"

丁肇中教授也曾对张文裕教授说过，在西德，在他手下工作的中国研究人员理论思维能力很强，就是怕做实验。他感慨地说："我是在中国长大的。在中国部分人中存在着不愿意动手的落后思想。这是'劳心者治人，劳力者治于人'的坏影响。我是搞实验科学而获得诺贝尔奖的。搞实验科学非常重要。这一点，希望对中国包括对第三世界的青年有些启发。"

杨振宁博士在谈到培养人才问题时，曾经中肯地指出："中国现在急需的不是培养像我这样的人，因为这对中国目前是没有用的。中国目前最需要的是能够解决实际问题的人。因此我建议，如果要搞物理，应选择实验物理作专业目标。"

一个留学生还专门写信给国内的报纸，呼吁要注重动手能力的培养。他认为："中国人很会用脑，智力商数是很高的，这是外国人普遍承认的。有些大学二年级的中国留学生，虽然不学数学专业，却已经是数学教授的助教，这对许多德国学生来说是不可思议的。但是，中国学生的实践能力、动手能力都比较差。这是由于长期受到轻工重理、不注重手脑并用和传统教育方法的影响。因此我国目前应当注重实验和动手能力的培养。"

由此可见，动手能力的培养不仅是开发智力的一个重要方面，而且，对于造就人才有着十分深远的意义。为此，一些科技较发达的国家都十分重视这个问题，他们认为培养科技人才要手脑并重，如果培养出来的人才只懂理论，不会做实验，这样的人才很难适应现代科学技术的发展和需要。为了培养动手能力，他们在教育方面也做了相应的改革。如美国、英国、德国、日本等国家，从小学、中学到大学，都有一套系统完整的实验课程。人们到博物馆、科学馆参观，可以直接动手操作摆弄，目的就是为了培养青少年的动手能力和对科学的爱好。特别是在当今被称为信息革命的时代，动手能力的培养显得尤为重要。信息革命的一大产物就是计算机，在不久的将来，计算机将进入生活的各个领域。**有位科学家预言，在信息社会里，谁**

不会使用计算机将寸步难行。事实上，在欧美一些国家里，计算机的使用已相当广泛。为了适应这种信息革命的需要，他们从幼儿起就训练操作计算机的技能，并在小学里正式开设有关计算机的课程。

动手能力是创造力的组成因素

动手能力是创造力的组成因素，通过动手去解决问题的能力，就是动手能力，通常指的是实践能力和操作能力。**有句成语叫"心灵手巧"，这是古人认为心负责思维，于是就凭借天才的猜测，把手巧与思维联系在了一起。**事实上，思维确实和手巧有非常紧密的联系，这已经通过现代生理心理学的研究得到证实。

现代生理心理学的研究表明，手与思维有着密切的联系。人体的各个部位在大脑皮质下均有一个相应的区域，而这个区域的大小并不与身体这个部位的大小相同。在大脑中支配手部动作的神经细胞有 20 万个，而负责躯干的神经细胞却只有 5 万个。比如，与大腿相比，大拇指很小，但是大拇指在大脑中所占的区域面积是大腿的 10 倍还多。因为大拇指负责的功能要比大腿精细复杂。大脑的兴奋程度高，又能更有效地调节手指的活动，提高手指动作的协调性和灵巧性。幼儿手和手指动作的协调性和灵活性，已经成为衡量其智力水平的标准之一。

有位日本医学博士对手与脑的关系做了多年研究后指出：**"如果想培养出智力开阔、头脑聪明的孩子，那就必须让孩子锻炼手指的活动能力。"**由此可见，大脑发育对手灵巧的重要性，而手动作的灵敏又会反过来促进大脑各个区域的发育。这就是人们常说的"眼过百遍，不如手做一遍"的道理。

动手不仅影响到智力的发展，动手能力还与创造力密切相关。发明大王爱迪生在还是一个卖报童的时候，就经常"泡"在自己的实验室里动手做实验。他的全部发明都不是凭空"想"出来的，而是动手试出来的。

动脑不见得动手，但动手一定得动脑，动手能力实际上是手脑协同的工作。许多形式的创造需要动手能力。科学实验需要动手，技术发明需要动手，绘画、雕塑等艺术创作也需要动手。

人类历史上的许多伟大发明都是在动手实践过程中创造出来的，科技发展史上靠动手而登上科学技术巅峰者可以说是举不胜举。

大科学家法拉第原是个书籍装订工，后给当时的大科学家戴维做实验助手，靠着坚忍不拔的毅力，创造了远超过戴维的伟大成就，我们今天生产生活用的电，都受益于法拉第的发明。而法拉第当年为了实现"磁生电"的目标，做了整整十年的实验。

举世闻名的诺贝尔同样是一个靠做实验取得成功的榜样。他从小跟随父亲研制各种炸药，并把研制炸药作为毕生的目标。在一次意外的爆炸中，实验室被炸毁，五人被炸死，其中有诺贝尔的弟弟，父亲也受了重伤。但诺贝尔依然坚持他的实验，经过数年的努力，数百次的失败，终于获得了成功。

与西方发达国家的儿童相比，我国儿童的动手能力始终差了一大截。因此对父母来讲，应该学会正确引导和鼓励孩子积极动手。动手能力绝不是一种天赋，孩子们的潜质必须在正确引导下和良好的环境中才能得到发挥和展现。如果父母对孩子一味溺爱，样样包办代替，什么都不让孩子动手，唯恐委屈了孩子，因而替孩子做太多他们自己能做的事情。例如，孩子上学了，父母替孩子背书包，甚至还有帮孩子做作业的父母。其实，替孩子做太多他们自己能做的事情，会使孩子失去实践和锻炼机会。一切由父母包办代替，孩子的动手能力自然也就很差了。

让孩子"自己的事情自己做"，是让孩子自立和积极动手的最基本要求。**如果一个人生活中事事依赖别人，那么不论有多大学问、多高本领，都不会有什么创造。**因此，作为父母，要切实让孩子学会自我服务的劳动小技能和勤于动手的良好习惯。

让孩子做点儿他日常必须做而又力所能及的事情，这种训练能养成孩子自我服务的习惯，促进独立性的发展。而且，孩子总要长大，他们必须在离开父母之前学会独立生活，通过自己动手，达到丰衣足食。有了动手能力,就会增强创造的能力,发挥自身价值,从而增强做人的信心。

父母不要总认为孩子还小,做不了家务活,其实并不是这样,一来因为孩子也是家庭中的一员,对家务也应有他自己的一份责任;二来只要父母肯培养,他们会做很多事,像扫地、擦桌子、擦玻璃、洗衣服、做饭等。孩子做些家务活,会使父母脸上露出欣慰的笑容,孩子也会在实践锻炼中体会到劳动的乐趣。

孩子做家务,也是对孩子的一种教育,帮妈妈洗碗、倒垃圾包含着孩子对妈妈的尊敬和对劳动的热爱;招待客人,小小事情却展示了良好的教养;打扫房间,能体会父母平时的辛苦。如果每个孩子在家里都能坚持不懈做一些力所能及的家务事,不仅能提高道德修养水平,提高独立生活能力,还能不断积累经验,增强动手能力,为自己成长铺平道路。

有一个妈妈,她有一个宝贝儿子。由于非常疼爱他,几乎所有的事情都不让孩子自己动手做。随着时间的推移,孩子的动手能力相比之下显得落后。后来,这位妈妈终于发现情况不妙,就利用周末及放假时间,强迫他做些简单的家务劳动,例如叠被子、整理床单、洗小手帕、收拾玩具书籍,开饭时帮助摆筷子,还有扫地、倒垃圾、做凉拌菜等。这位妈妈这样做的目的不但让孩子建立起家庭的责任感,对自己负责、对家庭和社会负责,还能让孩子养成勤于动手做事的习惯。这些是培养一个人适应能力、自理能力和操作能力的机会。

父母除了应该鼓励孩子做家务外,还应该鼓励孩子动手做实验,动手制作,动手发明创造一些作品。让孩子动手实验的目的不仅仅是为了证明,更重要是为了发现。而且,父母要允许孩子得出的结论与众不同,并鼓励孩子采用不同的仪器和方法。对于孩子一些"破坏性"的举动,父母不要简单粗暴地给予否定,要发现孩子举动中的创造性因素,加以保护,例如帮孩子修理电动玩具可潜移默化地影响孩子养成动手的习惯,家里的钟表或电器坏了,可鼓励孩子去拆着研究。由动手而积累起来的经验可以让人正确思维,让人在一定的条件下凭经验产生联想,作出判断,遇到问题不至于

像个没有地球实际经验的"外星人"。

除此之外，可以让孩子做些折纸、搭积木、玩积塑的小制作活动，这些都有利于孩子创新能力的培养。

实践证明，培养孩子的动手能力，有利于提高孩子的综合素质，促使他们的各种能力得到锻炼。因此为了孩子的茁壮成长，请父母尽量多抽出一点时间教孩子动手，一起实验，不断地做些发明和创造。

心灵悄悄话

人的创新能力虽然以一定的先天遗传素质为基础，但主要是在后天实践中形成和发展起来的。不学习、不锻炼，即使有创新能力的人也会逐渐变成无所作为的平庸之辈。要保证人们的创新能力能够可持续发展，就要为人们创造条件，使其能够始终站在时代前列和实践前沿，始终掌握最新的知识和发展动态，保持旺盛的创造力和开拓进取精神。

不劳者不获

劳动一般可分为体力劳动和脑力劳动。对于脑力劳动,因为人们都有思维,有思想,而且总是想成才,所以总是能有意无意地进行着。但遗憾的是,有些人不能充分地认识到体力劳动的重要性,看不起体力劳动,认为要成才,只要好好学习,好好地进行脑力劳动,这就够了。其实,这是非常错误的。

实际上,在人的成才过程中,体力劳动同样是起着不可低估的作用的,它能强健人的身体、磨练人的意志、提高人的自我照顾能力、开发人的智能。**可以这样说,一个从来不参加体力劳动的人,他永远都没有真正成才的可能。**

在当今社会,独生子女是父母的"掌上明珠","望子成龙、望女成凤"的迫切愿望使他们对子女更是呵护备至:孩子只要肯学习,父母什么都可以代劳,铺床、叠被子,甚至洗袜子、挤牙膏,都不用子女自己动手,更不用说别的家务事了。可以说,孩子完全过着一种衣来伸手、饭来张口的生活,父母们关心备至,对孩子的学习也盯得紧,唯恐将来不能成才。但是,在这种环境里长成的孩子,动手能力和适应社会的能力非常差。

培养爱劳动的习惯,也是在培养和浇灌人才的过程中不容忽视的一个重要方面。有了爱劳动的习惯,可以磨练一个人的意志、养成吃苦耐劳的习惯,从而懂得学习的意义和重要性,更加积极认真地学习,为将来的成才铺平道路。

人们常说习惯成自然,习以为常。习惯是指不用别人督促、自觉自愿、经常坚持、持之以恒的行为。所谓劳动习惯,就是习惯于劳动,适应于劳动,能自觉自愿地劳动,甚至把劳动当作生活的需要。**有良好的劳动习惯**

的人,不管从事什么样的工作,不管在什么情况下,都有一股奋斗不息的热情,有勤勤恳恳地埋头苦干的作风,有不畏艰苦、奋发向上的精神,是一个"闲不住"的人。

青少年要经常参加一些必要的劳动,也就是要培养良好的劳动习惯。

1. 家务劳动

家务劳动与自我服务劳动在不少方面是相互交叉的。在家庭这个小的组合中,每个人既要为自己服务,又要为这个小集体服务。所以,家务劳动也包含着自我服务的因素。反过来讲,每个人做好自我服务,家务劳动也就基本完成了,二者相辅相成。可以说家务劳动是扩大范围的自我服务劳动。如房间整理、洗刷灶具与餐具、择菜、洗菜、买菜、淘米、使用炉具、烧开水、做简单的饭菜等。

这类劳动重在适应家庭生活的需要,培养学生独立生活的能力,为以后从事更复杂的社会劳动打下基础。

2. 公益劳动

公益劳动是直接服务于社会公益事业的无偿劳动,是对青少年进行教育的有力手段。

公益劳动与服务性劳动、生产劳动是相互交叉的,一个是从有无报酬命名的,一个是从劳动性质命名的。如修补图书,为个人修补图书的就属于自我服务劳动,无偿为学校图书馆修补图书就属于公益劳动。学生公益劳动的内容,如擦黑板、扫地、擦玻璃、擦桌椅、开关门窗、绿化校园、美化环境、做公益活动的志愿者等。

通过这类劳动,培养一个人热爱人民、热爱集体、爱护公物、助人为乐等优良品质,它有其他劳动所难以取代的特殊意义。

3. 生产劳动技能

简单的生产劳动,主要包括对部分生产工具的认识和使用,以及工艺制作方面的内容,农业种植和饲养,以及最基本的工业生产方面的内容。

青少年应该学会一部分工业方面的项目,如认识常用的木工、电工工具,懂得这些工具的用途和维护方法,会使用这些工具维修课桌椅,修理和制作小玩具、简易的教具等。

工艺制作属于生产劳动的范畴，从造型艺术的角度，又属于美术课的内容。在劳动课上可以利用美术课学过的知识，进行如折纸、剪纸、泥塑、缝纫、纺织或利用废旧材料制作简单的工艺品等。从事这方面的劳动，可以培养勇于实践、勇于创新的精神，培养学生热爱劳动、热爱科学的精神，手脑并用，发展智力和能力。

劳动态度很重要

那么什么是正确的劳动态度呢？正确的劳动态度应该是自觉自愿地参加劳动，不用别人督促，更不用强迫，满腔热忱地努力完成本职工作；在劳动中，勇于克服困难，充分发挥自己的主观能动性，不分分内分外，任劳任怨，不计较个人的得失。它不仅包括对劳动——体力劳动和脑力劳动的热爱及劳动人民的热爱，包括劳动中主人翁的责任感和无私的献身精神，而且包括高度的劳动纪律性。

对于每个青少年来说，都面临着树立正确劳动态度的问题，这对青少年的健康成长至关重要。只有热爱劳动，树立了正确的劳动态度，才有助于青少年提高思想道德素质、科学文化素质、劳动技能素质和身体心理素质。

青少年如何树立正确的劳动态度呢？应从以下四个方面加以教育、引导和自我培养：

1. 要热爱劳动和劳动人民

现代人应该把热爱劳动、热爱劳动人民看作是整个社会的美德。我们把那些好逸恶劳、不劳而获、投机取巧、损人利己的人视为"社会的寄生虫""社会渣滓"。而对那些自觉地为社会、为人类的幸福而忘我献身的劳动者，予以极高的荣誉和评价。

我们应该把对待劳动与劳动人民的态度如何，看成是衡量每个公民道德品质好坏的重要尺度之一。

2.具有端正的劳动目的

在劳动态度问题上,劳动目的也是个重要的问题。是把劳动作为争取国家的繁荣富强和实现人民幸福安康的手段,还是把劳动仅仅看成生存的需要,这反映了不同的劳动目的,也反映了不同的思想境界。

对于广大青少年学生来说,主要从事的是脑力劳动,在学校里的主要任务是学习,掌握知识,学会自己不懂的东西,准备今后把知识变成建设新世界的巨大力量。学习是艰苦的事情,关心祖国的前途,为祖国的繁荣富强而刻苦勤奋学习,这是具有正确的劳动目的在学习上的反映和表现。如果认为上大学是为了以后找一个轻松的工作,或者是为了建立一个舒适的家庭,把成名获利作为自己学习的目的,必然会把崇高的理想和事业置于脑后,像这样计较个人名利地位的人,往往一事无成,甚至走上邪路。有的即使能在某方面作出一点成绩,也是不稳定的,不能持久的,个人目的一旦实现不了,他的劳动热情就会一落千丈。这种不端正的劳动目的,是极其错误的,也是十分危险的。

3.具有忘我的劳动精神

一个人生存的价值是看他给别人和社会创造的价值,而不是看他从社会上索取了什么。你看,古今中外有所成就的人,获得劳动硕果的人无不具有忘我的劳动精神。李时珍为了人们的健康,踏遍千山万水,每次采集草药、尝试草药时都可能遭到不测;为了研制炸药,诺贝尔多少次几乎被炸死……

在我们的社会里,评价一个人的思想品德崇高与否,不是看他的能力,也不是看他的职位,而是看他是否具有为公共利益而忘我劳动的精神。一个人有了这种精神,在劳动中就能有自觉性、积极性,他就能作出更大的贡献和成绩。

4.具有创造性的劳动态度

我们现在享有的一切物质文明和精神文明都是历代人前赴后继,不断通过辛勤劳动换来的结果。历史赋予我们的使命不是在前人栽种的大树下乘凉,而是要继续探索奋斗,超过前人,为自己和后代创造更高度的物质文明和精神文明。

在劳动实践中若要发挥创造性,就必须下一番苦干和巧干的工夫。苦干和巧干,是相互联系、相互促进的两个方面。苦干是巧干的基础,如果没有演算几尺厚的纸,陈景润不可能在"哥德巴赫猜想"上获得巨大的成就。当然,有勇无谋,只讲苦干不讲巧干也是不行的。

我们将来无论从事什么岗位的工作,首先要不怕困难,要努力提高科学文化知识水平,要善于吸取中外先进技术和管理经验,敢想敢干,刻苦钻研,才能真正地做到有所创造。而有了爱劳动的好习惯,就为做到这一切奠定了良好的基础。

心灵悄悄话

"科学只能在发散与收敛这两种思维方式相互拉扯所形成的张力之下向前发展。如果一个科学家具有在发散式思维与收敛式思维之间保持一种必要的张力的能力,那么这正是他从事最好的科学研究所必需的首要条件之一。"

第十篇

让思维更多创新

创新思维能力的高与低(大与小),将决定一个人的事业天地。古今中外,大凡在事业上有所建树、有所作为的人,可以说,都是创新思维能力很强的人。他们凭借高超的创新思维能力,对事物进行优化组合,正确评价,对信息进行科学判断,认真梳理。创新思维能力的超与凡,将决定一个人的勇气谋略。创新思维能力超高、超众,就能敢于说别人没有说过的话,敢于做别人没有做过的事,敢于思考别人没有思考过的问题。创新思维能力的超与凡,将决定一个人的勇气、胆识的大小,谋略水平的高低。

扩散状态的创新思维

依据思维解决问题时寻找方法、途径的不同,科学思维可分为发散思维方式与聚合思维方式。运用科学思维方法进行创新活动,就要辩证地使用发散思维和聚合思维方式,保持一种必要的张力,充分运用二者的扩散和聚敛思维模式。

发散思维亦称"辐射思维""放射思维""多向思维"或"扩散思维",是指在解决问题的思维过程中,不拘泥于一点或一条线索,而从现有的信息中尽可能扩散开去,不受已经确定的方式、方法、规律、范围等的约束,并且从这种扩散、辐射的思考中,求得多种不同的解决办法或衍生出多种不同的结果的思维方式。这种思路好比自行车车轮一样,许多辐条以车轴为中心沿径向向外辐射。

发散思维是大脑在思维时呈现的一种扩散状态的思维模式,它表现为思维视野广阔,思维呈现出多维发散状。

发散思维的特点

(1)流畅性。流畅性又称多维性、多端性或非单一性,其核心是"多",是指在短时间内能对问题作出迅速而敏捷的反应,是发散思维的前提。发散思维的这种特性表现在思考问题时能从多方位、多角度、多手段、多途径入手,思路尽可能多方向扩散,不局限于现有的理解,从而开拓思维的新方向、新角度、新领域。流畅性反映的是发散思维的速度和数量特征。

（2）**变通性。变通性又称为灵活性、非僵硬性、非呆滞性，其核心是"变"或"活"，指思维灵活旷达，能随机应变、举一反三、触类旁通，容易获得种类繁多的答案而不受思维定式的束缚，是发散思维的关键。**当思考遇到困难时，我们可以变通一下思维方向，如改变某个结论、放宽某个条件、取消某种限制或补充某个前提，从而寻找新的途径，达到解决问题的目的。

（3）**独创性。**独创性又称创新性和开拓性，其核心是"独"或"异"，是指产生不寻常的反应和打破常规的能力，是发散思维的本质。具体表现在：第一，独特性。所谓思维的独特性，就是指超越固定的、习惯的认知方式，以前所未有的新视角、新观点去认识事物，提出不为一般人所有的、超乎寻常的新观念，是发散思维的最高目标。第二，突破性。不受传统经验、习惯势力、思维定式的局限，敢于突破常规、突破未知堡垒。第三，实用性。发散思维所获得的认识成果，不是虚无缥缈的东西，而是力求把工作提高到新水平，使之有所创新和开拓。

英国著名作家毛姆的小说有一段时间销售不畅，他便在报刊上刊登了一则征婚启事：本人年轻英俊，家有百万资产，喜好音乐和运动，希望获得和毛姆小说中主人公一样的爱情。结果毛姆的这一独特举动使他的小说在短时间内被抢购一空。

（4）**多感官性。**发散思维不仅运用视觉思维和听觉思维，也充分利用其他感官接收信息并进行加工。发散思维还与情感有密切关系。如果思维者能够想办法激发兴趣，产生激情，把信息情绪化，赋予信息感情色彩，就会提高发散思维的速度，增强发散思维的效果。

发散思维的方法

（1）换位思维法

换位思维方法是指思维者站在对方或者第三方的角度进行思维的方

法。对同一事物要换位思考。如领导要站在被领导者的角度去审视,被领导者要站在领导的角度考虑如何做事和解决问题。再如,某一位领导或某一位被领导者站在第三个者度分析、评判该事物正确与否,即大脑对思考的问题采取换位的分析、归纳、抽象等研究方法。通过这样的方法掌握事物的本质,从而给出理性的解决方法。

(2)质疑思维法

质疑思维法是指人们对于事物不是不假思索地全盘接受,而是报以审视、剖析和批判的态度;不是人云亦云、迷信书本和权威,而是敢于大胆质疑,并在质疑的基础上修正片面、纠正错误,创立新理论、创建新事物的思维方法。根据质疑对象不同,可分为条件质疑、过程质疑和结果质疑三种。

条件质疑就是对事物产生发展的条件提出疑义,通过增加、减少、改变条件等方式,对问题提出新的解决方案,对事物提出新的见解、产生新的思想的一种思维方法。

过程质疑就是对事物产生、发展的过程提出疑义,通过对过程进行颠倒、置换、增加、减少等方式,产生新的方法、新的结果、新的思想、新的思路的一种思维方法。

结果质疑就是对事物的结果提出疑义,通过对结果的审慎分析,发现问题,提出新方案、产生新结果的一种思维方法。

心灵悄悄话

> 马克思说:"人创造环境,同样环境也创造人。"个体只有与外界进行尽可能广泛而深入的交注、沟通,掌握更多的信息,才可能具有较好的思维灵活性、思维深刻性、思维敏锐性及思维批判性,才可能产生较强的创新能力。

反道而思的创新思维

逆向思维是对司空见惯的似乎已成定论的事物或观点反过来思考的一种重要的思维方式。它敢于"反其道而思之",让思维向对立面的方向发展,从问题的相反面深入地进行探索,树立新思想,创立新形象。当大家都朝着一个固定的思维方向思考问题时,我们却独自朝相反的方向思索,这样的思维方式就叫逆向思维。人们习惯于沿着事物发展的正方向去思考问题并寻求解决办法。其实,对于某些问题,尤其是一些特殊问题,从结论往回推,倒过来思考,从求解回到已知条件,反过去想,或许会使问题简单化,使解决它变得轻而易举,甚至因此而有所发现,创造出惊天动地的奇迹来,这就是逆向思维的魅力。

有个教徒在祈祷时来了烟瘾,他问在场的神父,祈祷时可不可以抽香烟。神父回答"不行"。另一个教徒也想抽烟,但他换了一种问法,结果得到了神父的许可,你知道他是怎么问的吗?

他这样问神父:"在抽烟的时候可不可以祈祷?"神父回答:"当然可以。"同样是抽烟和祈祷,祈祷时要求抽烟,那似乎意味着对耶稣的不尊重;而抽烟时要求祈祷,则可以表示在休闲时也想着神的恩典,神父当然也就没有反对的理由了。

与常规思维不同,逆向思维是反过来思考问题,是用绝大多数人没有想到的思维方式去思考问题。运用逆向思维去思考和处理问题,实际上就是以"出奇"去达到"制胜",因此,逆向思维的结果常常会令人大吃一惊,喜出望外,别有所得。

逆向思维的特点

（1）普遍性。逆向性思维在各种领域、各种活动中都有适用性，由于对立统一规律是普遍适用的，而对立统一的形式又是多种多样的，有一种对立统一的形式，相应地就有一种逆向思维的角度，所以，逆向思维也有多种形式。如性质上对立两极的转换：软与硬、高与低等；结构、位置上的互换、颠倒：上与下、左与右等；过程上的逆转：气态变液态或液态变气态、电转为磁或磁转为电等。不论哪种方式，只要从一个方面想到与之对立的另一方面，都是逆向思维。

（2）批判性。逆向是与正向比较而言的，正向是指常规的、常识的、公认的或习惯的想法与做法。逆向思维则恰恰相反，是对传统、惯例、常识的反叛，是对常规的挑战。它能够克服思维定式，破除由经验和习惯造成的僵化的认识模式。

（3）新颖性。循规蹈矩的思维和按传统方式解决问题虽然简单，但容易使思路僵化、刻板，摆脱不掉习惯的束缚，得到的往往是一些司空见惯的答案。其实，任何事物都具有多方面属性。由于受过去经验的影响，人们容易看到熟悉的一面，而对另一面却视而不见。逆向思维能克服这一障碍，往往是出人意料，给人以耳目一新的感觉。

逆向思维的应用方法

（1）反转型逆向思维法。这种方法是指从已知事物的相反方向进行思考，产生发明构思的途径。"事物的相反方向"常常从事物的功能、结构、因果关系三个方面做反向思维。

（2）转换型逆向思维法。这是指在研究某一问题时，由于解决这一问题的手段受阻，而转换成另一种手段，或转换角度思考，以使问题顺利解决的思维方法。如历史上被传为佳话的司马光砸缸救落水儿童的故事，实质上就是一个运用转换型逆向思维法的实例。

（3）缺点逆用思维法。这是一种利用事物的缺点，将缺点变为可利用的东西，化被动为主动，化不利为有利的思维发明方法。这种方法并不以克服事物的缺点为目的，相反，它是将缺点化弊为利，找到解决方法。

逆向思维的魅力

逆向思维最为宝贵的价值，是它对人们认识的挑战，是对事物认识的不断深化，并由此而产生"原子弹爆炸"般的威力。我们应当自觉地运用逆向思维方式，创造更多的奇迹。具体讲，逆向思维的优势表现为：

（1）在日常生活中，常规思维难以解决的问题，通过逆向思维却可能轻松破解。

（2）逆向思维会使你独辟蹊径，在别人没有注意到的地方有所发现，有所建树，从而制胜的思维方式。

（3）逆向思维会使你在多种解决问题的方法中获得最佳方法和途径。

（4）生活中自觉运用逆向思维，会将复杂问题简单化，从而使办事效率和效果成倍提高。

心灵悄悄话

一个人，只有当他对学习的心理状态，总处于"跃跃欲试"阶段的时候，他才能使自己的学习过程变成一个积极主动"上下求索"的过程。

侧向迂回的创新思维

侧向思维又称"旁通思维",这种思维的思路、方向不同于逆向思维或多向思维,它是将人们通常思考问题的思路稍加扭转,换一个角度,采取被人忽视的方法解决问题的一种创新思维。通俗地讲,侧向思维就是利用其他领域里的知识和资讯,从侧向迂回地解决问题的一种思维形式。

侧向思维与逆向思维是不一样的,遇到问题,逆向思维是从反方向去想,但是侧向思维是避开问题的锋芒,从侧面去想,是在最不起眼的地方,也就是次要的地方,这样往往会有意想不到的效果,会更简单更方便。

1934 年,美国的比罗兄弟发明了圆珠笔,但遇到了一个很大的问题——漏油解决不了。一般思路是改用耐磨金属做笔珠和套管,这样就提高了造价,失去了竞争力。正当大家一筹莫展时,日本青年田滕三郎提出控制笔油的办法解决了这一难题,一般圆珠笔写 2 万字开始漏油,一支笔油控制在写 15000 字就没油了,自然不漏了。

侧向思维的特点

(1)灵活性或多变性。侧向思维富有浪漫色彩,看似问题在此,其实"钥匙"在彼;似乎瞄着问题的焦点,答案却在远离焦点的一侧。侧向思维的要义在于"他山之石,可以攻玉",借助系统之外的信息、知识、经验来解决面临的难题。

周恩来总理在他的政治生涯中,思路活泼多变的事例不胜枚举。20世纪50年代,在一次中外记者招待会上,一个外国记者问周总理中国人民银行有多少资金。显然这是一个带挑衅、嘲讽性的问题,讽刺我国发行的人民币没有黄金储备。如果直接说我们的黄金储备不多,有失国人、国家的尊严;如果硬说我们有充足的黄金储备,又不符合事实。回答好这个问题,确实有很大难度,总理采取迂回的方法从容不迫地回答,"十八元八角八分"(当时人民币票面值是十元、五元、二元、一元、五角、二角、一角、五分、二分、一分,加起来共十八元八角八分)。

(2)联想性或应变性。纵观世界科学发展史,一些科学奇迹的创造,往往正是通过侧向思维打开传统思维枷锁而取得的。**侧向思维是利用事物间的相互关联性,经由常人始料不及的思路达到预定的目标,这就要求思维的主体头脑灵活,善于另辟蹊径。**

军事领域通过侧向思维及时变换思路,同样可达到意想不到的倍增效应。《孙子兵法》云:"先知迂直之计者胜。"所谓迂直之计,就是懂得迂与直的侧向思维。这个谋略表面上是迂回曲折的道路,而实际上却能更有效、更迅速地制胜。一般来说,常规思维方式是讲求"抢人之先""先发制人""争夺制高点",是谓抢先一步天地宽。但在特定时期、特殊条件下,限于自身的实力,采用"迟人半步"的侧向思维方式,避敌锋芒,潜心思索,克己之短,获得成功,也不失为妙招。

❤心灵悄悄话 ✱

> 创新是不会自动生成的,学习新知识的过程也可以引起人们新的思考。人们应该将学习新知识看成是创新的有效来源之一。

联想思维带来创意惊喜

联想思维是指人们在头脑中将一种事物的形象与另一种事物的形象联系起来，探索它们之间共同的或类似的规律，从而解决问题的思维方法。世上万物都不是孤立存在的，在空间上或时间上总是保持着一定的联系。联想思维总能让人根据事物在时空上彼此接近或对应进行联想，使我们的思绪穿越时空、纵横千里。灵活运用联想思维，常常能打开我们的思路，使我们产生穿越时空的创意。

相传古时有一位皇帝曾以"深山藏古寺"为题，招集天下画匠作画。最后选了三幅画。第一幅画在万木丛中显露出古寺一角；第二幅画在景色秀丽的半山腰伸出了一根幡；第三幅画只见一个老和尚从山下溪边挑水，沿着山路缓缓而上，而远处只见一片山林，根本无从寻觅寺庙踪迹。

皇帝找大臣合议后，最终选了第三幅画。为什么要选第三幅画呢？因为"深山藏古寺"的画题虽然看似简单，但却包含一个"深"和一个"藏"字。这就需要画家去思考，看如何将这两个意思体现出来。第一幅画太露，"万木丛中显露出古寺一角"，体现不出"深""藏"的意思；第二幅似乎好一些，但一根幡仍然点明此处是一座庙宇，只不过被树丛包围，一下子看不到全貌而已，仍然达不到"深""藏"的要求；第三幅画以老和尚挑水体现老和尚来自"古寺"，而老和尚所要归去之处即寺庙却"只在此山中，云深不知处"，足以见此"古寺"藏在深山中。看到此画的人莫不惊叹作者巧妙的构思和奇特的想象，而这幅画也当之无愧地独占鳌头。

这个故事给我们最大的启发是第三幅画的作者在构思这幅画时运用

了丰富的联想，使人从"和尚"自然联想到"寺庙"；从"老和尚"再进一步联想到这座寺庙年代已经很久远了，是座"古寺"；从老和尚挑水沿着山路缓缓而上，而远处只见一片山林不见寺庙，联想到这座"古寺"被深深地藏在山中。

正因为该画的作者运用了意味无穷的联想思维，让我们的想象能跨越时空的限制，才使见到此画的人为其巧妙的构思和画的意境所折服。

由此可见，联想的妙处就在于它可使我们从一而知三。运用联想思维，由"速度"这个概念，我们的头脑中会闪现出呼啸而过的飞机、奔驰的列车、自由落体的重物等。

联想是心理活动的基本形式之一。联想与一般的自由想象不同，它是由表象概念之间的联系而达到想象的。因此，联想的过程有逻辑的必然性。

相传古时有人经营了一家旅馆，由于经营不善，濒临倒闭。正好阿凡提经过这里，就向旅馆老板献策：将旅馆周围进行重新装饰。到了夏日，将墙面涂成绿色；到了冬日，再将墙面饰成粉红色。旅馆老板按阿凡提所说的做了之后，果然很是吸引顾客，生意渐渐兴隆起来。其中的奥秘在哪儿呢？

原来，阿凡提运用的是人们的联想思维，让一种感觉引起另一种感觉，即夏日看到绿色会感觉清凉舒爽，冬日看到粉红的暖色会感觉温暖。

这种心理现象实际上是感觉相互作用的结果。

上述事例就是通过改变颜色，使不同颜色产生不同的心理效果，从而起到吸引顾客的作用的。

联想是创意产生的基础，它在创意设计中起催化剂和导火索的作用。联想越广阔、丰富，就越富有创造能力。许多的发明创造就是在联想思维的作用下产生的。

一千多年前，埃及有位音乐家名叫莫可里。一个盛夏的早晨，他在尼

罗河边正悠闲地散步。忽然间,他的脚踢到一个什么东西,发出一声悦耳的声响。他拾起来一看,原来是一个乌龟壳。莫可里拿着乌龟壳兴冲冲地回到家里,再三端详,反复思索,不断试验,最终根据龟壳内空气振动发声的原理制出了世界上第一把小提琴。莫可里从乌龟壳发出的声音联想到了乐器。正是由于联想思维的运用,造就了当今世界上无数人为之陶醉的西洋名乐器。

如果不运用联想思维,是很难从草叶、乌龟壳中产生灵感,创造出锯子和小提琴的。但是,联想思维能力不是天生的,它需要以知识和生活经验、工作经验为基础。基础打好了,联想也随之出现。

心灵悄悄话

福特曾在演讲中说过,"几乎所有领导科学潮流的重要发明,均来自有天分而自由的心灵。事实上,在我所涉及的每一个范畴里面,作出重要贡献的几乎都是独立而不拘泥于传统的人。"封闭状态的个人经验,不能产生创新;真正有益于创新的个人经验,是持续增长的、开放吸收式的,它可能是不断从实践、书本或他人身上吸收并增长的。